HAIYANG KEKONGYUAN DIANCIFA

海洋可控源电磁法

SANWEI YOUXIANYUAN ZHENGYAN

三维有限元正演

叶益信 李予国 著

中国海洋大学出版社

·青岛·

图书在版编目(CIP)数据

海洋可控源电磁法三维有限元正演 / 叶益信,李予
国著. —青岛:中国海洋大学出版社,2020.11
ISBN 978-7-5670-2686-5

Ⅰ.①海… Ⅱ.①叶…②李… Ⅲ.①海洋地球物理
学—电磁法勘探—研究 Ⅳ.①P738

中国版本图书馆 CIP 数据核字(2020)第 238464 号

出版发行	中国海洋大学出版社		
社　　址	青岛市香港东路 23 号	**邮政编码**	266071
出 版 人	杨立敏		
网　　址	http://pub.ouc.edu.cn		
电子信箱	2627654282@qq.com		
订购电话	0532—82032573(传真)		
责任编辑	徐永成　赵孟欣	**电　　话**	0532—85901092
印　　制	青岛国彩印刷股份有限公司		
版　　次	2020 年 12 月第 1 版		
印　　次	2020 年 12 月第 1 次印刷		
成品尺寸	170 mm×230 mm		
印　　张	11		
字　　数	200 千		
印　　数	1~1000		
定　　价	58.00 元		

前　言

　　海洋可控源电磁法是 20 世纪 70 年代前后兴起的一种海洋地球物理勘探技术,用于探测海底油气资源和矿产资源。进入 21 世纪,能源短缺使海上油气勘探开发成为所有国家关注的对象。海洋地震勘探可以识别地下结构并圈出海底异常体区域,但是它不可以直接区分异常体区域是油还是水。海洋可控源电磁法通过人工发射源发射低频电磁波,并在海底或水中接收携带海底电性信息的电磁信号,识别高阻油气层,从而降低勘探风险并提高钻井成功率。进入 21 世纪以来,我国非常重视海洋电磁技术的研究和应用,中国地质大学(北京)、中国海洋大学等单位先后研发了海洋电磁探测设备,并在我国南海、黄海等海域进行了试验剖面,为我国学者研究岩石圈结构提供了重要途径。

　　相对于海洋可控源电磁勘探技术的迅猛发展,海洋可控源电磁数值模拟及反演技术发展相对滞后。这是由于海洋电磁法的特殊性,对数值模拟算法提出了特殊要求:(1)复杂起伏的海底地形对海洋可控源电磁场产生严重的畸变影响,在海洋可控源电磁数据解释时地形影响必须考虑在内;(2)海水是非常好的良导体,其电阻率为0.3 欧姆米左右,而海底地质体的电阻率可以达到几百甚至几千欧姆米,海洋电磁法数值模拟技术必须面对由海水和海底地质体之间巨大电阻率差异所产生的数值模拟困难;(3)海底油气藏多为三维结构,而且普遍存在的海底火山、盐岩等三维结构体对海底油气识别干扰大。在这种情况下,三维正演对于准确地解释海洋可控源电磁数据显得十分重要。

　　为了提高复杂地质构造情况下海洋可控源电磁法三维正演的精度以及复杂海底地形下海洋可控源电磁三维数据解释的能力,本论著系统研究了频率域海洋可控源电磁法三维有限元正演,具体内容包括:结构网格和非结构网格剖分方法、传统有限元和自适应有限元方法及对比、电导率各向同性和各向异性海洋可控源电磁法三维有限元正演等,并分析了覆盖层各向异性和储层各向异性对海洋可控源电磁响应的影响特征。

　　本论著内容共分为八章,各章主要内容安排如下。

　　第一章,首先阐述海洋电磁法研究的背景及意义,然后介绍国内外海洋可控源电磁法正演、非结构网格剖分及应用、自适应有限元法的研究现状,最后阐明本论著的主要研究内容。

　　第二章,首先介绍频率域海洋可控源电磁一维正演理论,然后分析不同电偶源取向、不同频率、不同储层厚度及不同海水深度下的海洋可控源电磁一维正演特征。为下一步实现海洋可控源电磁三维正演算法奠定基础。

　　第三章,首先论述频率域海洋可控源电磁场的偏微分方程,然后介绍基于规则网格的三维矢量有限元理论推导出海洋可控源电磁三维有限元线性方程组,采用Dirichlet边界条件,实现海洋可控源电磁三维矢量有限元正演算法。

　　第四章,首先论述频率域海洋可控源电磁关于磁矢量势和电标量势的偏微分方程,然后介绍基于规则网格的三维节点有限元理论,推导出基于磁矢量势和电标量势的海洋可控源电磁三维有限元线性方程组,采用Dirichlet边界条件,实现海洋可控源电磁三维节点有限元正演算法。

　　第五章,首先介绍非结构网格剖分及其局部加密策略,然后推导基于非结构网格的海洋可控源电磁三维节点有限元方程,最后实现基于非结构网格的海洋可控源电磁三维节点有限元正演算法。

　　第六章,首先对自适应有限元算法进行概述,然后重点介绍自适应有限元算法的后验误差估计理论及网格细化策略,最后实现基于自适应非结构网格的海洋可控源电磁三维节点有限元正演算法。

第七章,首先推导电导率各向异性电磁场的基本控制方程和有限元方程,然后实现电导率各向异性介质海洋可控源电磁三维非结构有限元正演算法,最后研究电导率各向异性对海洋可控源电磁响应的影响特征。

第八章,对上述研究工作进行总结,并对下一步的研究工作提出建议。

在本论著问世之际,谨向帮助和支持本论著出版的东华理工大学和中国海洋大学的专家学者表示衷心的感谢。在本论著研究过程中得到了国家自然科学基金面上项目(41774078,41774080)、江西省自然科学基金重点项目(20202ACBL211006)的大力支持,在此表示衷心的感谢。

由于作者水平有限,书中难免存在错误和不足之处,恳请各位读者、专家及同仁批评指正。

叶益信(东华理工大学)
李予国(中国海洋大学)
2020 年 7 月

目　录

第一章　绪　论

第一节　研究背景

　　随着人类对油气资源需求的不断增加,海洋油气资源勘探已成为地球物理学界的研究热点。海洋可控源电磁法(marine controlled-source electromagnetic, MCSEM)最早由 Scripps 海洋研究所(SIO)Cox 教授提出[1~3],海洋可控源电磁法一般采用位于海底上方的水平电偶源(HED)激发低频电磁波,位于海底的采集站接收电磁场信息,根据接收的海洋可控源电磁响应研究海底构造,其工作方法如图 1-1 所示。

图 1-1　海洋可控源电磁法工作方法示意图

早在 1980 年,Cox 教授采用海洋可控源电磁法研究了海底构造[1],并指出该法非常适合研究海底高阻地层。由于海洋可控源电磁法对海底薄的高阻地层具有很强的探测能力,海洋可控源电磁法主要用来探测海洋岩石圈和洋中脊的电性结构[4~8]。近年来,海洋可控源电磁法被引入到油气资源勘探领域以降低勘探风险[9~16]。在国内,胡文宝(1991)[17]对海洋地球物理中的电磁法进行了介绍;何展翔等(2006)[18]对海洋电磁法理论及应用进行了分析;何展翔与余刚(2009)[19]对海洋电磁勘探技术及进展进行了阐述,并对海洋可控源电磁资料进行了三维处理;沈金松和陈小宏(2009)[20]介绍了海洋油气勘探中的可控源电磁法的发展与启示;盛堰等(2012)[21]分析了海洋电磁探测技术发展现状及探测天然气水合物的可行性。

近年来,世界各大国际石油公司以及海洋地球物理勘探技术服务公司正在世界各大海域开展海洋电磁勘探工作,其工作量每年约以 50% 的速度增长[18,19]。我国虽然在海洋电磁勘探领域起步较晚,实施的项目较少,但是随着国家"十二五"863 计划重大项目"深水可控源电磁勘探系统开发"的启动,我国在海洋电磁勘探技术领域已取得了很大发展。2015 年由中国海洋大学研制的海底采集站(OBEM)在我国南海海域完成 4 000 米级海底大地电磁数据采集试验,标志着我国海洋电磁装备研发达到国际先进水平。相对于海洋可控源电磁勘探技术的迅猛发展,海洋可控源电磁的数值模拟技术发展却相对滞后。这是由于海洋电磁法的特殊性,对数值模拟算法提出了特殊要求:(1)复杂起伏的海底地形对海洋可控源电磁场产生严重的畸变影响,在海洋可控源电磁数据解释时地形影响必须考虑在内[22];(2)海水是非常好的良导体,其电阻率为 0.3 欧姆米左右,而海底地质体的电阻率可以达到几百甚至几千欧姆米,海洋电磁场数值模拟技术必须面对由海底地质体与海水之间巨大电阻率差异所产生的数值模拟困难;(3)海底油气藏多为三维结构,且海洋可控源电磁响应受海底介质的各向异性影响很大[23,24]。因此,海洋可控源电磁三维正演对于正确地解释海洋可控源电磁数据显得十分重要[25]。

目前海洋可控源电磁法的一、二维数值模拟方法已基本成熟,三维数值模拟技术近年来也取得了较大发展,但以结构化网格模拟为主,网格的设置和细化要靠手动调节,会带来一定的人为误差,不利于对起伏海底地形和倾斜界面等复杂构造的数值模拟。因此,还需要从不同侧面对可控源电磁法三维数值模拟进行深入研究。本论著研究海洋可控源电磁法三维自适应非结构网格有限元正演及电导率各向异性影响具有重要的理论意义及应用价值。

第二节 国内外研究现状

一、海洋可控源电磁法正演研究现状

近年来,国内外学者对海洋可控源电磁法数值模拟技术进行了大量的研究,取得了一些重要成果。国外学者对海洋可控源电磁法数值模拟研究较早,在海洋可控源电磁法数值模拟研究的初期,主要是一维模型数值模拟。Chave 和 Cox(1982)[26]最早实现了海洋可控源电磁法一维数值模拟。Flosadottir 和 Constable(1996)[27]在其基础上实现了 Occam 反演,为海洋可控源电磁法提供了一套可行的反演解释工具。Constable 和 Weiss(2006)[28]将其应用到近海油气储层资料解释中。Everett 和 Edwards(1993)[29]进行了 2.5 维时间域海洋可控源电磁法有限元数值模拟研究。Everett 和 Constable(1999)[30]对各向异性海底介质的一维海洋可控源电磁响应进行了研究。Tompkins(2005)[31]研究了电阻率垂直各向异性对一维层状介质海洋可控源电磁响应的影响。Loseth 和 Ursin(2007)[32]对一维海洋可控源电磁任意各向异性算法进行了深入研究,分析了不同各向异性条件下的海洋可控源电磁响应特征。Li 和 Key(2007)[33]实现了海洋可控源电磁法 2.5 维自适应有限元正演算法。Abubakar 等 (2008)[34] 基于有限差分算法实现了海洋可控源电磁法 2.5 维正反演算法。Kong 等 (2008)[35] 对 2.5 维水平各向异性海洋可控源电磁有限元正演算法进行了研究。Li 和 Dai(2011)[23]、Li 等 (2013)[24] 分别研究了二维倾斜及任意各向异性介质的海洋可控源电磁有限元正演算法。

随着计算机技术的发展,近年来国外对海洋可控源电磁法三维数值模拟技术研究也取得了很快的发展和进步。Newman 和 Alumbaugh(1995)[36] 提出了频率域海洋可控源电磁法三维交错网格有限差分正演方法。Badea 等 (2001)[37] 研究了基于库仑标准势的三维有限元正演模拟方法。Zhdanov 等 (2006)[38] 采用积分方程法对三维非均匀背景下海洋复杂构造进行了电磁数值模拟,并对油气储层进行了精确的成像。Constable 和 Weiss(2006)[39] 研究了基于有限体积法的海洋可控源电磁三维数值模拟方法,该方法有较好的计算精度和计算效率。Newman 等 (2010)[40] 利用非线性共轭梯度法实现了 TI 介质中的海洋可控源电磁三维反演算法,并成功应用到了实测数据处理中。Schwarzbach 等 (2011)[41] 利用高阶自适应有限元方法实现了三维复杂海底地形的海洋可控源电磁正演研究,取得了较好的效果。Puzyrev 等 (2013)[42] 利用节点有限元法对基于二次势的三维可控源电磁方程进行了求解,并研究了电导率的各向异性影响。

国内学者在海洋可控源电磁法的正演研究方面也取得了一些重要成果。杨进等 (2008)[43] 利用数值模拟技术研究了海水对海洋电磁勘探的影响。沈金松等 (2009)[44] 对二维海底地层的海洋可控源电磁响应进行了有限元正演分析。付长民等 (2009)[45] 利用有限差分程序对三维海洋可控源电磁场特征进行了数值模拟分析。刘长胜 (2009)[46] 利用一维正演算法研究了浅海环境下提高对高阻体探测能力的方法,并将陆地上常用的垂直磁偶源用于海底时间域可控源电磁探测中,建立了相应的数学电磁模型。刘颖 (2014)[47] 对海洋可控源电磁二维非结构网格正反演算法进行了研究,取得了较好效果。李刚(2015)[48]基于 Schelkunoff 势函数理论,实现了波数域和空间域的海洋可控源电磁一维正演算法。

近年来海洋电磁法三维正演及各向异性影响研究已成为国内海洋电磁法领域研究的前沿和热点。陈桂波等(2009)[49]对海底 TI 地层中的海洋可控源电磁三维积分方程法数值模拟进行了研究。杨波等(2012)[50]利用交错网格剖分有限体积法对考虑海底地形的频率域三维海洋可控源电磁响应进行了研究。佟拓(2012)[51]对频率域海洋可控源电磁三维交错采样有限差分数值模拟及反演进行了研究。张双狮(2013)[52]研究了时间域海洋可控源电磁法三维有限差分数值模拟方法,并分别给出了浅海拖缆式与海洋航空联合模式的三维有限差分时间域模拟。殷长春等(2014)[53]对任意各向异性介质中海洋可控源电磁三维有限差分正演模拟进行了研究,并分析了电导率各向异性对海洋可控源电磁响应的影响规律。周建美(2014)[54]对各向异性地层的海洋可控源电磁三维有限体积正演进行了研究。赵宁(2014)[55]利用矢量有限元法与耦合势有限体积法对海洋可控源电磁法三维数值模拟进行了研究。韩波等(2015)[56]对复杂场源形态的海洋可控源电磁场三维交错网格有限体积法正演模拟进行了研究。蔡红柱等(2015)[57]研究了电导率各向异性介质的海洋可控源电磁三维非结构网格有限元正演算法。杨军等(2015)[58]研究了海洋可控源电磁法三维非结构网格矢量有限元正演算法。罗鸣和李予国(2015)[59]对一维电阻率任意各向异性介质的海洋可控源电磁响应进行了研究。刘颖和李予国(2015)[60]对层状介质中任意取向电偶源的海洋可控源电磁正演进行了研究。

二、非结构网格生成及应用研究现状

在早期,有限元数值模拟算法主要采用结构化网格(如正四边形和正六面体等),结构网格可以模拟简单的地电结构,但很难精确地模拟复杂的地质构造,如起伏海底地形和倾斜界面等。随着有限元方法的不断发展及问题求解区域的复杂化,产生了非常快速、可靠地用三角形和四面体来精确逼近任意复杂几何模型的非结构网格生成技术。由于非结构化网格能很好地考虑网格尺寸分布,比较容易实现局部加密和自适应处理,国内外许多学者对其进行了研究,形成了不同原理的非结构化网格生成算法[61~70]。

在非结构化网格的生成中,发展最为成熟且应用最为普遍的方法有三种:Delaunay 方法[63~65],八叉树法[68,69] 和波前法[70],其中Delaunay 方法是目前研究应用最为广泛的一种剖分方法,下面主要介绍 Delaunay 网格生成算法及应用研究现状。

三角网格剖分问题首先由 Voronoi 提出,后来 Delaunay 于 1934年首次提出了解决散点集的三角网格剖分方法,并提出了两种三角网格的剖分准则[71]。随后,不同学者对 Delaunay 网格算法进行了研究,提出了不同的算法[72,73],其中比较著名的有 Shewchuk(1997)[65]在其博士论文中介绍的受约束 Delaunay 单元细化算法,并开发了著名的非结构化三角网格和四面体网格剖分程序[74,75],Si(2003,2004,2005)[76~78]进一步研究和发展了 Shewchuk 提出的 Delaunay 网格剖分算法,并开发了非结构化四面体网格剖分程序 TetGen。

汤井田等(2006)[79]研究了地球物理模型三角形与四面体单元约束 Delaunay 剖分问题,对非结构三角形和四面体自动剖分算法进行了研究,并将其应用到了直流电阻率法的有限元数值模拟中[80,81],提高了有限元法在直流电阻率法数值模拟中的精确性和灵活性。Rücker 等(2006)[82]将非结构网格应用到复杂起伏地形的直流电阻率法有限元数值模拟中,并通过采用局部节点加密提高了节点处解的精度。Key 和 Weiss(2006)[83]对非结构网格的二维大地电磁有限元数值模拟进行了研究。Li 和 Key(2007)[33]对自适应非结构网格的海洋可控源电磁二维有限元数值模拟进行了研究。Li 和 Pek(2008)[84]基于非结构网格有限元法研究了海底各向异性地层二维大地电磁响应。刘长生等(2008)[85]对非结构网格的三维大地电磁矢量有限元数值模拟进行了研究。任政勇和汤井田(2009)[86]基于局部加密非结构网格实现了直流电阻率法三维有限元正演,并提出了一种新的局部节点加密方法。Wang等(2013)[87]基于非结构网格实现了电阻率法三维各向异性介质的数值模拟。刘颖(2014)[47]基于非结构网格对海洋可控源电磁法二维正反演进行了研究,取得了较好的成果。蔡红柱等(2015)[57]基于非结构网格研究了电导率各向异性介质的海洋可控源电磁三维有限元正演响应。杨军等(2015)[58]基于非结构网格研究了海洋可控源电磁法三维矢量有限元正演算法。吴小平等(2015)[88]基于非结构网格研究了电阻率法三维带地形反演。韩骑等(2015)[89]基于自适应非结构网格研究了大地电磁法二维起伏地形正反演。

三、自适应有限元法研究现状

有限元法是电场与电磁场数值模拟常采用的重要方法之一。自Coggon(1971)[90]首次将有限元法应用到电磁与电场的数值模拟中,国内外众多学者对电(磁)场有限元法数值模拟进行了研究,特别是在源的奇异性去除[91~93]、快速计算[94,95]、电导率连续变化[96~100]、电导率各向异性[101]、起伏地表[102,103]及三维地电模型[104~108]的正演等方面取得了众多的研究成果。

尽管有限元法理论相对成熟,研究成果颇多,但仍存在一定的问题,如网格设置和细化要手动调节,网格设置好了后计算精度便已确定,具有一定的人为误差。简单模型,可以凭经验得到优化的网格,对于复杂构造模型,很难凭经验得到优化的网格,于是自适应有限元法应运而生。美国科学家Babuska最早提出了自适应有限元法,Babuška和Rheinboldt(1978)[109]最早提出了自适应有限元法的残量型后验误差估计。Zienkiewicz和Zhu(1987)[110]提出了一种与残量型后验误差估计有着根本区别的基于后处理技术的误差估计方法

(简称 ZZ 法),随后他们又利用超收敛小块恢复技术对 ZZ 法进行了改进[111~113],并应用到自适应有限元法中。Bank 和 Xu(2003)[114] 提出了一种新的超收敛梯度恢复算子计算方法,并用于基于梯度恢复的后验误差估计中。Ovall(2004,2006)[115,116] 提出了基于梯度恢复的对偶加权后验误差估计方法,使自适应有限元方法得到进一步丰富和发展。汤井田等(2007)[117]分析了 Coulomb 规范下地电磁场的后验误差估计方法及自适应有限元计算策略。

自适应有限元法通过后验误差估计指导网格自动细化,避免了人为的网格剖分和细化过程,使有限元解逐步收敛到精确解附近,大大提高了有限元法模拟复杂地电模型的能力。自适应有限元法在地电场数值模拟方面得到了广泛的应用。Key 和 Weiss(2006)[83]利用自适应有限元法研究了二维大地电磁的数值模拟。Li 和 Key(2007)[33]采用自适应有限元方法实现了海洋可控源电磁二维正演模拟。Li 和 Pek(2008)[84]采用自适应有限元方法实现了二维各向异性介质的大地电磁场正演模拟。Tang 等(2010)[80]、Tang 等(2011)[81]实现了基于梯度恢复后验误差估计的直流电阻率法 2.5 维自适应有限元算法。Ren 和 Tang(2010)[118]基于自适应四面体网格研究了直流电阻率法三维有限元正演问题。Schwarzbach 等(2011)[41]利用自适应有限元法研究了复杂海底地形的海洋可控源电磁三维正演问题。Ren 等(2013)[119]应用自适应四面体网格研究了三维 MT 和 RMT 问题。严波等(2014)[120]基于对偶加权后验误差估计实现了直流电阻率 2.5 维自适应有限元算法。赵慧等(2014)[121]利用自适应三角网格有限元法对二维海洋大地电磁场进行了正演模拟。Ye 等(2014)[122]、Ye 等(2015)[123]利用自适应三角网格和四面体网格研究了激发极化法和直流电阻率法的有限元正演问题。

第三节　主要内容

本论著推导了基于 Schelkunoff 势函数的任意取向电偶源激发下水平层状介质中电磁场表达式,实现了频率域海洋可控源电磁一维正演算法;然后在此基础上,采用 Fortran 语言编程实现了海洋可控源电磁三维矢量与节点有限元正演算法;为了能够精确地模拟复杂海底地形,采用非结构网格剖分,实现了基于非结构网格的海洋可控源电磁三维有限元正演;为了进一步提高对起伏海底地形和倾斜界面等复杂构造数值模拟的精确性和灵活性,实现了自适应非结构网格的海洋可控源电磁三维有限元正演算法;为了解海底介质各向异性对海洋可控源电磁响应的影响规律,进一步开展三维电导率各向异性介质的海洋可控源电磁正演研究。主要内容如下。

(1)推导了基于 Schelkunoff 势函数的任意取向电偶源激励下层状各向同性介质中电磁场在波数域和空间域的表达式;使用方位角和倾角将任意取向有限长度源分解为三个坐标轴方向等效源并求出其对应的电磁场,根据电磁场叠加原理,可求得任意取向有限长度源激励下的电磁场。分析了不同电偶源取向、不同频率、不同储层厚度与不同海底深度的海洋可控源电磁一维正演特征。

(2)从电磁场的麦克斯韦方程组出发,分别推导出频率域可控源电磁场满足的矢量波动方程,及基于磁矢量势和电标量势的双旋度方程,然后分别采用矢量有限元与节点有限元离散,推导了海洋可控源电磁三维正演的矢量与节点有限元线性方程组,采用结构六面体网格剖分,采用简易的 Dirichlet 边界条件,采用大型稀疏复对称线性方程组求解器 SSOR-PCG 进行求解,编程实现了基于结构网格的海洋可控源电磁三维矢量与节点有限元正演算法。为了克服由电流源引起的奇异性和数值模拟计算困难,把电磁总场分解为背景场和二次场,背景场由全空间、半空间或水平层状介质模型的一维正演计算得到,二次场由有限元方法计算得到。

（3）采用能精确逼近任意起伏地形和复杂构造的非结构四面体网格对模型剖分,推导了海洋可控源电磁三维非结构网格有限元方程,采用移动最小二乘的方法计算势的导数,将电磁势转化为电磁场,编程实现了基于非结构网格的海洋可控源电磁三维有限元正演算法。针对非结构网格具有局部加密的功能,采用局部测点加密（LNR）与局部体积加密（LVR）相结合的方式,实现了非结构网格的局部加密,进一步提高了有限元算法的精确性和实用性。

（4）为了进一步提高对起伏海底地形和倾斜界面等复杂地质构造数值模拟的精确性和灵活性,根据 Bank 和 Xu[114]定义的一种新的超收敛梯度恢复算子,计算当前有限元解的后验误差估计,然后根据后验误差估计指导网格自动细化,避免人为的网格剖分和加密过程,使有限元解逐步收敛到精确解附近,编程实现了自适应非结构网格的海洋可控源电磁三维有限元正演算法。

（5）由于海洋环境的特殊性,海底介质往往呈明显各向异性特征,推导了电导率任意各向异性海底地层中电磁场的基本控制方程和有限元方程,并以此实现了计算任意各向异性介质海洋可控源电磁响应的非结构有限元算法,最后通过数值模拟实例,研究了覆盖层各向异性和储层各向异性对海洋可控源电磁响应的影响特征。

第二章　海洋可控源电磁法一维正演

本章详细介绍了层状均匀介质中任意取向电偶源激励下电磁场正演算法理论,该算法可计算水平电偶极子(HED)、垂直电偶极子(VED)及任意方向电偶极子激励下的电磁场。然后分析了不同电偶源取向、不同频率、不同储层厚度与不同海底深度的海洋可控源电磁一维正演特征。

第一节　正演理论

考虑如图 2-1 所示的均匀各向同性层状地电模型,每层的电导率为 $\sigma_j (j=1,\cdots,N)$,每层的顶面深度为 $z_j (j=1,\cdots,N)$,N 为层数。其中第 1 层为空气层,地下第 N 层为均匀半空间。采用如图 2-1 所示的笛卡尔坐标系,其中 y 轴指向东,x 轴指向北,z 轴垂直向下。源点所在层为 s,源点位置表示为 (x_s, y_s, z')。本论著海洋可控源电磁正演模

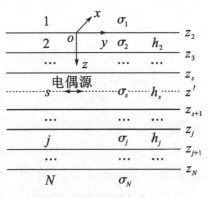

图 2-1　层状均匀各向同性地电模型

拟算法中,任意取向电偶源或接收点可放置于任意层。在正演过程中采用 Anderson(1982,1983)[124,125] 给出的汉克尔变换和正余弦变换滤波系数。

如图 2-2 所示,设 x 轴方向水平电偶极子位于参考坐标系$(x,y,$ $z)$下,水平电偶极子可沿 z 轴水平旋转到坐标系(ξ,y',z),α 为发射源水平旋转角;电偶极子亦可再做倾斜旋转到坐标系(x',y',z'),β 为发射源倾角。设 $\boldsymbol{R}$ 和 $\boldsymbol{R'}$ 分别为参考坐标系(x,y,z)和旋转坐标系(x',y',z')中电偶源的偶极矩,则根据坐标旋转公式有

$$\boldsymbol{R'}=\boldsymbol{D}_z\boldsymbol{D}_y\boldsymbol{R} \tag{2-1}$$

式中,$\boldsymbol{D}_z=\begin{bmatrix} \cos\alpha & -\sin\alpha & 0 \\ \sin\alpha & \cos\alpha & 0 \\ 0 & 0 & 1 \end{bmatrix}$,$\boldsymbol{D}_y=\begin{bmatrix} \cos\beta & 0 & -\sin\beta \\ 0 & 1 & 0 \\ \sin\beta & 0 & \cos\beta \end{bmatrix}$,$\boldsymbol{R}=\begin{bmatrix} 1 \\ 0 \\ 0 \end{bmatrix}$。

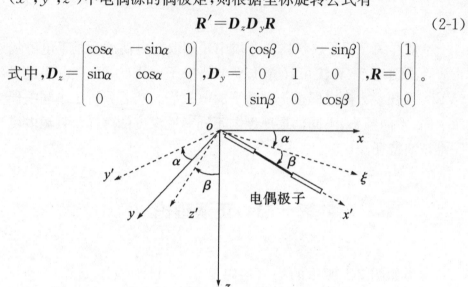

图 2-2　发射源方位参数示意图

从图 2-2 可以看出,任意方向放置的电偶极发射源可以等效为三个相互正交的等效偶极源[126,127],即水平偶极源 HED-x 与 HED-y,以及垂直偶极源 VED。分别求出三个等效偶极源激励下产生的电场或磁场分量,将其分别叠加即可求出任意偶极源的电场或磁场。例如,任意偶极源激励产生的电场可表示为

$$\boldsymbol{E}=\boldsymbol{E}_{\text{HED-}x}+\boldsymbol{E}_{\text{HED-}y}+\boldsymbol{E}_{\text{VED}} \tag{2-2}$$

下面详细推导水平电偶极子和垂直电偶极子激励下源的势函数及电磁场的表达式。

(1)层状介质中电磁场

设谐变场的时间因子为 $\mathrm{e}^{-i\omega t}$,则 Maxwell 方程组可表示为

$$\nabla\times\boldsymbol{E}-\mathrm{i}\omega\mu_0\boldsymbol{H}=-\boldsymbol{M}, \quad \nabla\times\boldsymbol{H}-\sigma^*\boldsymbol{E}=\boldsymbol{J} \tag{2-3}$$

式中，$\boldsymbol{E}$ 为电场强度（V/m），$\boldsymbol{H}$ 为磁场强度（A/m），$\boldsymbol{M}$ 和 $\boldsymbol{J}$ 分别为磁性源和电性源，$\sigma^*=\sigma-\mathrm{i}\omega\varepsilon_0$ 为复电导率，μ_0 为真空中介质磁导率，$\varepsilon=\varepsilon_r\varepsilon_0,\varepsilon_0$ 为真空中介电常数，ε_r 为介质中相对介电常数，σ 为介质电导率（S/m），ω 为源频率（rad/s），i 为虚数单位。可以将上述方程中的电磁场分解为横电（TE）和横磁（TM）两种模式：

$$\boldsymbol{E}=\boldsymbol{E}^{\mathrm{TE}}+\boldsymbol{E}^{\mathrm{TM}}, \quad \boldsymbol{H}=\boldsymbol{H}^{\mathrm{TE}}+\boldsymbol{H}^{\mathrm{TM}} \tag{2-4}$$

式中，$\boldsymbol{E}^{\mathrm{TE}}$ 和 $\boldsymbol{E}^{\mathrm{TM}}$ 分别为 TE 和 TM 模式下电场强度，$\boldsymbol{H}^{\mathrm{TE}}$ 和 $\boldsymbol{H}^{\mathrm{TM}}$ 分别为 TE 和 TM 模式下磁场强度。

使用 Schelkunoff 矢量势函数（$\boldsymbol{A}$ 和 $\boldsymbol{F}$）来表示电磁场，TE 和 TM 模式下的电磁场强度表示如下形式[128]：

$$\boldsymbol{E}^{\mathrm{TE}}=\mathrm{i}\omega\mu_0\boldsymbol{A}+\frac{1}{\sigma}\nabla(\nabla\cdot\boldsymbol{A}), \quad \boldsymbol{H}^{\mathrm{TE}}=\nabla\times\boldsymbol{A} \tag{2-5}$$

$$\boldsymbol{E}^{\mathrm{TM}}=-\nabla\times\boldsymbol{F}, \quad \boldsymbol{H}^{\mathrm{TM}}=-\sigma\boldsymbol{F}-\frac{1}{\mathrm{i}\omega\mu_0}\nabla(\nabla\cdot\boldsymbol{F}) \tag{2-6}$$

假设矢量势函数仅有垂向分量，在非源层 j 有 $\boldsymbol{A}_j=(0,0,A_j)$，$\boldsymbol{F}_j=(0,0,F_j)$，其中 $A_j=A_j^z,F=F_j^z$。基于此假设，若要满足在层界面处的场连续性条件，即磁场 $\boldsymbol{H}$ 连续，电场 $\boldsymbol{E}$ 和电流 $\sigma\boldsymbol{E}$ 的切向分量连续，需要保证 TE 模式下界面处 $\frac{1}{\sigma}\partial_zA$（矢量势垂向梯度微分与电导率的比值）和 A 连续，∂_zF 和 F 连续。对 x 和 y 方向做傅立叶变换，得到 (k_x,k_y,z) 域势函数表达式为

$$\hat{A}(k_x,k_y,z)=\int_{-\infty}^{\infty}\int_{-\infty}^{\infty}A(x,y,z)\mathrm{e}^{-\mathrm{i}(k_xx+k_yy)}\mathrm{d}k_x\mathrm{d}k_y \tag{2-7}$$

$$\hat{F}(k_x,k_y,z)=\int_{-\infty}^{\infty}\int_{-\infty}^{\infty}F(x,y,z)\mathrm{e}^{-\mathrm{i}(k_xx+k_yy)}\mathrm{d}k_x\mathrm{d}k_y \tag{2-8}$$

式中，k_x、k_y 为 x、y 方向波数，(x,y,z) 表示接收点位置。上式中 $\hat{A}$ 和 $\hat{F}$ 满足如下条件：

$$\frac{\mathrm{d}^2 \hat{F}_j}{\mathrm{d}z^2} - u_j^2 \hat{F}_j = 0 \tag{2-9}$$

$$\frac{\mathrm{d}^2 \hat{A}_j}{\mathrm{d}z^2} - u_j^2 \hat{A}_j = 0 \tag{2-10}$$

式中,$u_j^2 = k_x^2 + k_y^2 - k_j^2$,$k_j^2 = \mathrm{i}\omega\mu_0\sigma_j$。

在源所在层 s,势函数 $\hat{A}_s$ 和 $\hat{F}_s$ 分别满足

$$\frac{\mathrm{d}^2 \hat{A}_s}{\mathrm{d}z^2} - u_s^2 \hat{A}_s = 2u_s A_0 \delta(z - z') \tag{2-11}$$

$$\frac{\mathrm{d}^2 \hat{F}_s}{\mathrm{d}z^2} - u_s^2 \hat{F}_s = 2u_s F_0 \delta(z - z') \tag{2-12}$$

由于偶极源的存在,势函数具有如下形式:

$$\hat{A}^p(k_x, k_y, z) = A_0 \mathrm{e}^{-u_s|z-z'|}, \quad \hat{F}^p(k_x, k_y, z) = F_0 \mathrm{e}^{-u_s|z-z'|} \tag{2-13}$$

式中,$u_s^2 = k_x^2 + k_y^2 - k_s^2$,$k_s^2 = \mathrm{i}\omega\mu_0\sigma_s$,$A_0$、$F_0$ 为与具体源类型相关的系数,在后面将对其做详细介绍。

综合上述,得到一般情况下 (k_x, k_y, z) 域内势函数表达式为

$$\hat{A}_j(k_x, k_y, z) = \delta_{js} A_0 \mathrm{e}^{-u_s|z-z'|} + a_j \mathrm{e}^{u_j(z-z_{j+1})} + b_j \mathrm{e}^{-u_j(z-z_j)} \tag{2-14}$$

$$\hat{F}_j(k_x, k_y, z) = \delta_{js} F_0 \mathrm{e}^{-u_s|z-z'|} + c_j \mathrm{e}^{u_j(z-z_{j+1})} + d_j \mathrm{e}^{-u_j(z-z_j)} \tag{2-15}$$

式中,a_i、b_i、c_i、d_i 为待求层系数,δ_{js} 为 Kronecker delta 函数。

层间反射系数可通过 a_j、b_j、c_j、d_j 的递归表达式表示。源所在层上方反射系数为 $^-R_j^{\mathrm{TM}} = b_j/a_j$ 和 $^-R_j^{\mathrm{TE}} = d_j/c_j$,源所在层下方反射系数为 $^+R_j^{\mathrm{TM}} = a_j/b_j$ 和 $^+R_j^{\mathrm{TE}} = c_j/d_j$。依据电磁场切向分量连续性条件可得

$$^-R_j^{\mathrm{TM}} = \frac{(^-r_j^{\mathrm{TM}} + {}^-R_{j-1}^{\mathrm{TM}} \mathrm{e}^{-u_{j-1}h_{j-1}})\mathrm{e}^{-u_j h_j}}{1 + {}^-r_j^{\mathrm{TM}} {}^-R_{j-1}^{\mathrm{TM}} \mathrm{e}^{-u_{j-1}h_{j-1}}} \tag{2-16}$$

$$^-R_j^{\mathrm{TE}} = \frac{(^-r_j^{\mathrm{TE}} + {}^-R_{j-1}^{\mathrm{TE}} \mathrm{e}^{-u_{j-1}h_{j-1}})\mathrm{e}^{-u_j h_j}}{1 + {}^-r_j^{\mathrm{TE}} {}^-R_{j-1}^{\mathrm{TE}} \mathrm{e}^{-u_{j-1}h_{j-1}}} \tag{2-17}$$

$$^{+}R_{j}^{\mathrm{TM}}=\frac{(^{+}r^{\mathrm{TM}}+^{+}R_{j+1}^{\mathrm{TM}}\mathrm{e}^{-u_{j+1}h_{j+1}})\mathrm{e}^{-u_{j}h_{j}}}{1+^{+}r_{j}^{\mathrm{TM}}+R_{j+1}^{\mathrm{TM}}\mathrm{e}^{-u_{j+1}h_{j+1}}} \tag{2-18}$$

$$^{+}R_{j}^{\mathrm{TE}}=\frac{(^{+}r_{j}^{\mathrm{TE}}+^{+}R_{j+1}^{\mathrm{TE}}\mathrm{e}^{-u_{j+1}h_{j+1}})\mathrm{e}^{-u_{j}h_{j}}}{1+^{+}r_{j}^{\mathrm{TE}}+R_{j+1}^{\mathrm{TE}}\mathrm{e}^{-u_{j+1}h_{j+1}}} \tag{2-19}$$

且

$$^{-}r_{j}^{\mathrm{TM}}=\frac{u_{j}\sigma_{j-1}-u_{j-1}\sigma_{j}}{u_{j}\sigma_{j-1}+u_{j-1}\sigma_{j}}, \quad ^{-}r_{j}^{\mathrm{TE}}=\frac{u_{j}-u_{j-1}}{u_{j}+u_{j-1}}=\frac{-\mathrm{i}\omega\mu_{0}(\sigma_{j}-\sigma_{j-1})}{(u_{j}+u_{j-1})^{2}} \tag{2-20}$$

$$^{+}r_{j}^{\mathrm{TM}}=\frac{u_{j}\sigma_{j+1}-u_{j+1}\sigma_{j}}{u_{j}\sigma_{j+1}+u_{j+1}\sigma_{j}}, \quad ^{+}r_{j}^{\mathrm{TE}}=\frac{u_{j}-u_{j+1}}{u_{j}+u_{j+1}}=\frac{-\mathrm{i}\omega\mu_{0}(\sigma_{j}-\sigma_{j+1})}{(u_{j}+u_{j+1})^{2}} \tag{2-21}$$

在顶层和底层,反射系数为零,即

$$^{-}R_{1}^{\mathrm{TM}}=^{-}R_{1}^{\mathrm{TE}}=^{+}R_{N}^{\mathrm{TM}}=^{+}R_{N}^{\mathrm{TE}}=0 \tag{2-22}$$

在求出反射系数之后,可以求出层系数 a_{j}、b_{j}、c_{j}、d_{j} 并进一步得到二维波数域 (k_{x},k_{y},z) 势函数。一维波数域 (k_{x},y,z) 势函数可由式(2-14)和(2-15)得到:

$$\hat{A}_{j}(k_{x},y,z)=\frac{1}{2\pi}\int_{-\infty}^{+\infty}[\delta_{js}A_{0}\mathrm{e}^{-u_{s}|z-z'|}+a_{j}\mathrm{e}^{u_{j}(z-z_{j+1})}$$
$$+b_{j}\mathrm{e}^{-u_{j}(z-z_{j})}]\mathrm{e}^{\mathrm{i}k_{y}y}\mathrm{d}k_{y} \tag{2-23}$$

$$\hat{F}_{j}(k_{x},y,z)=\frac{1}{2\pi}\int_{-\infty}^{+\infty}[\delta_{js}F_{0}\mathrm{e}^{-u_{s}|z-z'|}+c_{j}\mathrm{e}^{u_{j}(z-z_{j+1})}$$
$$+d_{j}\mathrm{e}^{-u_{j}(z-z_{j})}]\mathrm{e}^{\mathrm{i}k_{y}y}\mathrm{d}k_{y} \tag{2-24}$$

二维波数域 (k_{x},k_{y},z) 与空间域 (x,y,z) 的 Green 函数有如下变换关系[129]:

$$\int_{-\infty}^{\infty}\int_{-\infty}^{\infty}G(k_{x}^{2}+k_{y}^{2})\mathrm{e}^{\mathrm{i}(k_{x}x+k_{y}y)}\mathrm{d}k_{x}\mathrm{d}k_{y}=2\pi\int_{0}^{\infty}G(\lambda)\lambda J_{0}(\lambda r)\mathrm{d}\lambda \tag{2-25}$$

式中,$\lambda^{2}=k_{x}^{2}+k_{y}^{2}$,$r=\sqrt{(x-x_{s})^{2}+(y-y_{s})^{2}+(z-z')^{2}}$ 为收发距,(x_{s},y_{s},z') 和 (x,y,z) 分别表示源点和接收点位置,$G(\lambda)$ 为核

函数，$J_0(\lambda r)$ 为第一类零阶 Bessel 函数。由式(2-25)及式(2-14)、(2-15)可以得空间域势函数表达式为

$$A(x,y,z)=\frac{1}{2\pi}\int_{-\infty}^{\infty}\left[A_0\mathrm{e}^{-u_j|z-z_s|}+a_i\mathrm{e}^{u_i(z-z_{i+1})}+b_i\mathrm{e}^{-u_i(z-z_i)}\right]\lambda J_0(\lambda r)\mathrm{d}\lambda$$

(2-26)

$$F(x,y,z)=\frac{1}{2\pi}\int_{-\infty}^{\infty}\left[F_0\mathrm{e}^{-u_j|z-z_s|}+c_i\mathrm{e}^{u_i(z-z_{i+1})}+d_i\mathrm{e}^{-u_i(z-z_i)}\right]\lambda J_0(\lambda r)\mathrm{d}\lambda$$

(2-27)

由式(2-5)和(2-6)可得一维波数域(k_x,y,z)电磁场表达式为

$$\hat{E}_{xj}(k_x,y,z)=\frac{\mathrm{i}k_x}{\sigma_j}\frac{\partial\hat{A}_j(k_x,y,z)}{\partial z}-\frac{\partial\hat{F}_j(k_x,y,z)}{\partial y} \quad (2\text{-}28)$$

$$\hat{H}_{xj}(k_x,y,z)=\frac{\partial\hat{A}_j(k_x,y,z)}{\partial y}-\frac{k_x}{\omega\mu_0}\frac{\partial\hat{F}_j(k_x,y,z)}{\partial z} \quad (2\text{-}29)$$

$$\hat{E}_{yj}(k_x,y,z)=\frac{1}{\sigma_j}\frac{\partial^2\hat{A}_j(k_x,y,z)}{\partial y\partial z}+\mathrm{i}k_x\hat{F}_j(k_x,y,z) \quad (2\text{-}30)$$

$$\hat{H}_{yj}(k_x,y,z)=-\mathrm{i}k_x\hat{A}_j(k_x,y,z)-\frac{1}{\mathrm{i}\omega\mu_0}\frac{\partial^2\hat{F}_j(k_x,y,z)}{\partial y\partial z}$$

(2-31)

$$\hat{E}_{zj}(k_x,y,z)=\frac{1}{\sigma_j}\left(\frac{\partial^2}{\partial z^2}+k_j^2\right)\hat{A}_j(k_x,y,z) \quad (2\text{-}32)$$

$$\hat{H}_{zj}(k_x,y,z)=-\frac{1}{\mathrm{i}\omega\mu_0}\left(\frac{\partial^2}{\partial z^2}+k_j^2\right)\hat{F}_j(k_x,y,z) \quad (2\text{-}33)$$

(2)水平电偶极子激励下电磁场表达式

设水平电偶极子(x_s,y_s,z')沿 x 轴方向，由下式

$$\hat{E}_{zj}(k_x,k_y,z)=\frac{k_x^2+k_y^2}{\sigma_j}\hat{A}_j(k_x,k_y,z) \quad (2\text{-}34)$$

$$\hat{H}_{zj}(k_x,k_y,z)=-\frac{k_x^2+k_y^2}{\mathrm{i}\omega\mu_0}\hat{F}_j(k_x,k_y,z) \quad (2\text{-}35)$$

可求出系数 A_0、F_0[128]：

$$A_0^{\text{hed}} = \text{sgn}\frac{P_x}{2}\frac{\mathrm{i}k_x}{k_x^2+k_y^2} = \text{sgn}a_0, \quad F_0 = \frac{\mathrm{i}\omega\mu_0 P_x}{2u_s}\frac{\mathrm{i}k_y}{k_x^2+k_y^2} \quad (2\text{-}36)$$

式中，

$$a_0 = \frac{P_x}{2}\frac{\mathrm{i}k_x}{k_x^2+k_y^2}, \quad \text{sgn} = \begin{cases} -1 & (z>z') \\ 1 & (z<z') \end{cases} \quad (2\text{-}37)$$

其中，P_x 为偶极矩。

源所在层的层系数 a_s、b_s、c_s、d_s 可由电磁场连续性边界条件得出：

$$a_s = a_0\xi_s, \quad b_s = a_0\eta_s, \quad c_s = F_0\alpha_s, \quad d_s = F_0\beta_s \quad (2\text{-}38)$$

$$\xi_s = (-\mathrm{e}^{-u_s|z_{s+1}-z'|} + {}^-R_s^{\text{TM}}\mathrm{e}^{-u_s|z_s-z'|})\frac{{}^+R_s^{\text{TM}}\mathrm{e}^{u_sh_s}}{1-{}^-R_s^{\text{TM}}+R_s^{\text{TM}}} \quad (2\text{-}39)$$

$$\eta_s = (-{}^+R_s^{\text{TM}}\mathrm{e}^{-u_s|z_{s+1}-z'|} + \mathrm{e}^{-u_s|z_s-z'|})\frac{{}^+R_s^{\text{TM}}\mathrm{e}^{u_sh_s}}{1-{}^-R_s^{\text{TM}}+R_s^{\text{TM}}} \quad (2\text{-}40)$$

$$\alpha_s = (\mathrm{e}^{-u_s|z_{s+1}-z'|} + {}^-R_s^{\text{TE}}\mathrm{e}^{-u_s|z_s-z'|})\frac{{}^+R_s^{\text{TE}}\mathrm{e}^{u_sh_s}}{1-{}^-R_s^{\text{TE}}+R_s^{\text{TE}}} \quad (2\text{-}41)$$

$$\beta_s = ({}^+R_s^{\text{TE}}\mathrm{e}^{-u_s|z_{s+1}-z'|} + \mathrm{e}^{-u_s|z_s-z'|})\frac{{}^-R_s^{\text{TE}}\mathrm{e}^{u_sh_s}}{1-{}^-R_s^{\text{TE}}+R_s^{\text{TE}}} \quad (2\text{-}42)$$

源所在层上方的层系数 a_j、b_j、c_j、$d_j (j<s)$ 分别为

$$a_{j-1} = A_0\xi_{j-1}, \quad b_{j-1} = A_0\eta_{j-1}, \quad c_{j-1} = F_0\alpha_{j-1}, \quad d_{j-1} = F_0\beta_{j-1} \tag{2-43}$$

$$\xi_{j-1} = \frac{\delta_{js}\mathrm{e}^{-u_s|z_s-z'|} + \xi_j\mathrm{e}^{-u_jh_j} + \eta_j}{1+{}^-R_{j-1}^{\text{TM}}\mathrm{e}^{-u_{j-1}h_{j-1}}}, \quad \eta_{j-1} = \xi_{j-1}{}^-R_{j-1}^{\text{TM}} \quad (2\text{-}44)$$

$$\alpha_{j-1} = \frac{\delta_{js}\mathrm{e}^{-u_s|z_s-z'|} + \alpha_j\mathrm{e}^{-u_jh_j} + \beta_j}{1+{}^-R_{j-1}^{\text{TE}}\mathrm{e}^{-u_{j-1}h_{j-1}}}, \quad \beta_{j-1} = \alpha_{j-1}{}^-R_{j-1}^{\text{TE}} \quad (2\text{-}45)$$

式中，$j=s, s-1, \cdots, 2$。

源所在层下方的层系数 a_j、b_j、c_j、$d_j (j>s)$ 分别为

$$a_{j+1} = A_0\xi_{j+1}, \quad b_{j+1} = A_0\eta_{j+1}, \quad c_{j+1} = F_0\alpha_{j+1}, \quad d_{j+1} = F_0\beta_{j+1} \tag{2-46}$$

$$\eta_{j+1} = \frac{-\delta_{js}\mathrm{e}^{-u_s|z_{s+1}-z'|} + \eta_j\mathrm{e}^{-u_jh_j} + \xi_j}{1 + {}^+R_{j+1}^{\mathrm{TM}}\mathrm{e}^{-u_{j+1}h_{j+1}}}, \quad \xi_{j+1} = \eta_{j+1}{}^+R_{j+1}^{\mathrm{TM}}$$

$$(2\text{-}47)$$

$$\beta_{j+1} = \frac{\delta_{js}\mathrm{e}^{-u_s|z_{s+1}-z'|} + \beta_j\mathrm{e}^{-u_jh_j} + \alpha_j}{1 + {}^+R_{j+1}^{\mathrm{TE}}\mathrm{e}^{-u_{j+1}h_{j+1}}}, \quad \alpha_{j+1} = \beta_{j+1}{}^+R_{j+1}^{\mathrm{TE}} \quad (2\text{-}48)$$

式中,$j = s, s+1, \cdots, N-1$。

将式(2-38)~(2-48)代入式(2-23)和(2-24)可得一维波数域(k_x, y, z)势函数 $\hat{A}(k_x, y, z)$ 和 $\hat{F}(k_x, y, z)$。由式(2-28)~(2-33)和式(2-42)可得一维波数域(k_x, y, z)电磁场表达式为

$$\hat{E}_{xj}(k_x, y, z) = -\frac{P_x}{2\pi}\int_0^\infty \frac{1}{k_x^2 + k_y^2}\left[\frac{u_jk_x^2}{\sigma_j}d_A - \frac{\mathrm{i}\omega\mu_0 k_y^2}{u_s}g_F\right]\cos(k_yy)\mathrm{d}k_y$$

$$(2\text{-}49)$$

$$\hat{E}_{yj}(k_x, y, z) = -\frac{P_x}{2\pi}\int_0^\infty \frac{\mathrm{i}k_xk_y}{k_x^2 + k_y^2}\left[\frac{u_j}{\sigma_j}d_A + \frac{\mathrm{i}\omega\mu_0}{u_s}g_F\right]\sin(k_yy)\mathrm{d}k_y$$

$$(2\text{-}50)$$

$$\hat{E}_{zj}(k_x, y, z) = \frac{P_x}{2\pi}\frac{\mathrm{i}k_x}{\sigma_j}\int_0^\infty g_A\cos(k_yy)\mathrm{d}k_y \qquad (2\text{-}51)$$

$$\hat{H}_{xj}(k_x, y, z) = -\frac{P_x}{2\pi}\int_0^\infty \frac{\mathrm{i}k_xk_y}{k_x^2 + k_y^2}\left[g_A - \frac{u_j}{u_s}d_F\right]\sin(k_yy)\mathrm{d}k_y$$

$$(2\text{-}52)$$

$$\hat{H}_{yj}(k_x, y, z) = \frac{P_x}{2\pi}\int_0^\infty \frac{1}{k_x^2 + k_y^2}\left[k_x^2g_A + \frac{u_j}{u_s}k_y^2d_F\right]\cos(k_yy)\mathrm{d}k_y$$

$$(2\text{-}53)$$

$$\hat{H}_{zj}(k_x, y, z) = \frac{P_x}{2\pi}\int_0^\infty \frac{k_y}{u_s}g_F\sin(k_yy)\mathrm{d}k_y \qquad (2\text{-}54)$$

式中,

$$g_A = \delta_{js}\mathrm{sgn}\mathrm{e}^{-u_j|z-z'|} + \xi_j\mathrm{e}^{u_j(z-z_{j+1})} + \eta_j\mathrm{e}^{-u_j(z-z_j)} \qquad (2\text{-}55)$$

$$g_F = \delta_{js}\mathrm{e}^{-u_j|z-z'|} + \alpha_j\mathrm{e}^{u_j(z-z_{j+1})} + \beta_j\mathrm{e}^{-u_j(z-z_j)} \qquad (2\text{-}56)$$

$$d_A = \delta_{js}\mathrm{e}^{-u_j|z-z'|} + \xi_j\mathrm{e}^{u_j(z-z_{j+1})} - \eta_j\mathrm{e}^{-u_j(z-z_j)} \qquad (2\text{-}57)$$

$$d_F = \delta_{js} \mathrm{sgne}^{-u_j|z-z'|} + \alpha_j \mathrm{e}^{u_j(z-z_{j+1})} - \beta_j \mathrm{e}^{-u_j(z-z_j)} \qquad (2\text{-}58)$$

将式(2-38)～(2-48)代入式(2-26)和(2-27)可得空间域(x,y,z)势函数$A(k_x,y,z)$和$F(k_x,y,z)$，进一步得到空间域电磁场表达式为

$$E_{xj}(x,y,z) = \frac{P_x}{4\pi\sigma_j r^3}\left[(x-x_s)^2 - (y-y_s)^2\right]\int_0^\infty \left[u_j d_A + \frac{\mathrm{i}\omega\mu_0\sigma_j}{u_s}g_F\right]J_1(\lambda r)\mathrm{d}\lambda$$
$$+ \frac{P_x}{4\pi\sigma_j r^2}\int_0^\infty\left[-(x-x_s)^2 u_j d_A + \frac{\mathrm{i}\omega\mu_0\sigma_j}{u_s}(y-y_s)^2 g_F\right]\lambda J_0(\lambda r)\mathrm{d}\lambda$$
$$(2\text{-}59)$$

$$E_{yj}(x,y,z) = \frac{P_x}{2\pi}\frac{(x-x_s)(y-y_s)}{\sigma_j r^3}\int_0^\infty\left[u_j d_A + \frac{\mathrm{i}\omega\mu_0\sigma_j}{u_s}g_F\right]J_1(\lambda r)\mathrm{d}\lambda$$
$$- \frac{P_x}{4\pi}\frac{(x-x_s)(y-y_s)}{\sigma_j r^2}\int_0^\infty\left[u_j d_A + \frac{\mathrm{i}\omega\mu_0\sigma_j}{u_s}g_F\right]\lambda J_0(\lambda r)\mathrm{d}\lambda$$
$$(2\text{-}60)$$

$$E_{zj}(x,y,z) = -\frac{P_x}{4\pi}\frac{x-x_s}{\sigma_j r}\int_0^\infty g_A\lambda^2 J_1(\lambda r)\mathrm{d}\lambda \qquad (2\text{-}61)$$

$$H_{xj}(x,y,z) = \frac{P_x}{2\pi}\frac{(x-x_s)(y-y_s)}{r^3}\int_0^\infty\left[g_A - \frac{u_j}{u_s}d_F\right]J_1(\lambda r)\mathrm{d}\lambda$$
$$- \frac{P_x}{2\pi}\frac{(x-x_s)(y-y_s)}{r^2}\int_0^\infty\left[g_A - \frac{u_j}{u_s}d_F\right]\lambda J_0(\lambda r)\mathrm{d}\lambda$$
$$(2\text{-}62)$$

$$H_{yj}(x,y,z) = -\frac{P_x}{4\pi r^3}\left[(x-x_s)^2 - (y-y_s)^2\right]\int_0^\infty\left[g_A - \frac{u_j}{u_s}d_F\right]J_1(\lambda r)\mathrm{d}\lambda$$
$$+ \frac{P_x}{4\pi r^2}\int_0^\infty\left[(x-x_s)^2 g_A + (y-y_s)^2\frac{u_j}{u_s}d_F\right]\lambda J_0(\lambda r)\mathrm{d}\lambda$$
$$(2\text{-}63)$$

$$H_{zj}(x,y,z) = \frac{P_x}{4\pi}\frac{y-y_s}{r}\int_0^\infty\frac{g_F}{u_s}\lambda^2 J_1(\lambda r)\mathrm{d}\lambda \qquad (2\text{-}64)$$

(3)垂直电偶极子激励下电磁场表达式

设垂直电偶极子(x_s,y_s,z')沿z轴方向，系数$A_0^{[128]}$具有如下形式：

$$A_0^{\text{ved}} = \frac{P_z}{2u_s} \tag{2-65}$$

式中，P_z 为偶极矩。

层系数 a_j、b_j 可由电磁场连续性边界条件得出：

$$a_j = A_0^{\text{ved}} \xi_j, \quad b_j = A_0^{\text{ved}} \eta_j \tag{2-66}$$

式中，ξ_j 和 η_j 可由式(2-39)、(2-40)、(2-44)和式(2-67)求出：

$$\eta_{j+1} = \frac{\delta_{js} e^{-u_s |z_{s+1} - z'| +} \eta_j e^{-u_j h_j} + \xi_j}{1 + {}^+ R_{j+1}^{\text{TM}} e^{-u_{j+1} h_{j+1}}}, \quad \xi_{j+1} = \eta_{j+1} {}^+ R_{j+1}^{\text{TM}} \tag{2-67}$$

式中，$j = s, s+1, \cdots, N-1$。

将式(2-66)代入式(2-23)，可以得到一维波数域(k_x, y, z)势函数 $\hat{A}(k_x, y, z)$。由式(2-28)～(2-33)和式(2-66)可得一维波数域(k_x, y, z)电磁场表达式为

$$\hat{E}_{xj}(k_x, y, z) = \frac{P_z}{2\pi} \frac{ik_x}{\sigma_j} \int_0^\infty \frac{u_j}{u_s} d_A^{\text{ved}} \cos(k_y y) dk_y \tag{2-68}$$

$$\hat{E}_{yj}(k_x, y, z) = -\frac{P_z}{2\pi} \frac{1}{\sigma_j} \int_0^\infty \frac{u_j k_y}{u_s} d_A^{\text{ved}} \sin(k_y y) dk_y \tag{2-69}$$

$$\hat{E}_{zj}(k_x, y, z) = \frac{P_z}{2\pi} \frac{1}{\sigma_j} \int_0^\infty \frac{k_x^2 + k_y^2}{u_s} g_A^{\text{ved}} \cos(k_y y) dk_y \tag{2-70}$$

$$\hat{H}_{xj}(k_x, y, z) = -\frac{P_z}{2\pi} \int_0^\infty \frac{k_y}{u_s} g_A^{\text{ved}} \sin(k_y y) dk_y \tag{2-71}$$

$$\hat{H}_{yj}(k_x, y, z) = -\frac{P_z}{2\pi} \int_0^\infty \frac{ik_x}{u_s} g_A^{\text{ved}} \cos(k_y y) dk_y \tag{2-72}$$

$$\hat{H}_{zj}(k_x, y, z) = 0 \tag{2-73}$$

式中，

$$d_A^{\text{ved}} = \delta_{js} \text{sgn} e^{-u_s |z-z'|} + \xi_j e^{u_j(z-z_{j+1})} - \eta_j e^{-u_j(z-z_j)} \tag{2-74}$$

$$g_A^{\text{ved}} = \delta_{js} e^{-u_j |z-z'|} + \xi_j e^{u_j(z-z_{j+1})} + \eta_j e^{-u_j(z-z_j)} \tag{2-75}$$

将式(2-66)代入式(2-26)，可以得到空间域(x, y, z)势函数 $A(x, y, z)$，进一步得到空间域电磁场表达式为

$$E_{xj}(x,y,z) = -\frac{P_z}{4\pi}\frac{x-x_s}{\sigma_j r}\int_0^\infty \frac{u_j}{u_s}d_A^{ved}\lambda^2 J_1(\lambda r)d\lambda \quad (2\text{-}76)$$

$$E_{yj}(x,y,z) = -\frac{P_z}{4\pi}\frac{y-y_s}{\sigma_j r}\int_0^\infty \frac{u_j}{u_s}d_A^{ved}\lambda^2 J_1(\lambda r)d\lambda \quad (2\text{-}77)$$

$$E_{zj}(x,y,z) = \frac{P_z}{4\pi}\frac{1}{\sigma_j}\int_0^\infty \frac{1}{u_s}g_A^{ved}\lambda^3 J_0(\lambda r)d\lambda \quad (2\text{-}78)$$

$$H_{xj}(x,y,z) = -\frac{P_z}{4\pi}\frac{y-y_s}{r}\int_0^\infty \frac{1}{u_s}g_A^{ved}\lambda^2 J_1(\lambda r)d\lambda \quad (2\text{-}79)$$

$$H_{zj}(x,y,z) = 0 \quad (2\text{-}80)$$

第二节　算　例

本算例对 Constable 和 Weiss(2006)[28]文中的海洋可控源电磁一维储层模型(图 2-3)进行数值模拟分析。该模型分五层,在背景电阻率为 1 Ω·m 的海底地层中存在一个电阻率为 100 Ω·m 的高阻油气储层,分布在海底 1 000 m 以下,厚度 100 m,海水深度为 1 000 m,海水电阻率为 0.3 Ω·m。场源位于海底上方 100 m,发射频率为 0.1 Hz,其坐标为(x_s＝0 m,y_s＝0 m,z_s＝900 m)。为了分析不同模式的一维正演响应,首先改变发射场源的姿态,分别计算场源不同水平旋转角 α 和倾角 β 时的响应,分析发射场源姿态对海洋电磁场的影响;其次改变发射场源的频率,分别计算频率为 0.1 Hz、0.25 Hz、1 Hz、4 Hz 时的响应,分析频率对海洋电磁场的影响;然后改变油气储层的厚度,分别计算储层厚度为 0 m、100 m、200 m、400 m 时的电磁响应,分析储层厚度对电磁场响应的影响;最后,改变海水层深度,分别计算海水深度为 500 m、1 000 m、1 500 m、4 000 m 时的响应,分析空气波对海洋电磁场响应的影响。

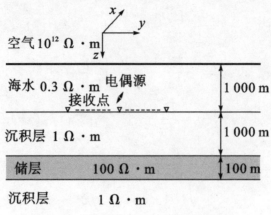

图 2-3   海洋可控源一维储层模型

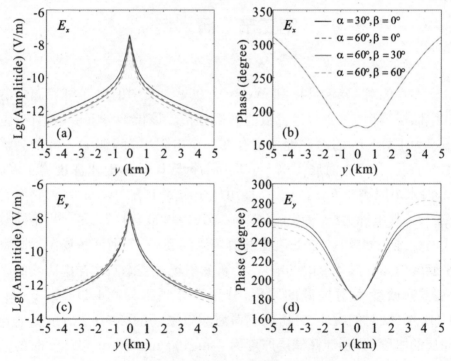

上栏为 broadside 装置，下栏为 inline 装置

图 2-4   电偶源发射姿态变化时的水平电场响应

图 2-4 为电偶源不同发射姿态时的水平电场响应，从图 2-4 可看出，当电偶源倾角为 0°时，旋转角从 30°变化到 60°时，E_x 分量振幅逐

渐变小，E_y 分量振幅逐渐变大，这是由于电偶极距在 x 方向的投影越来越小，而在 y 方向的投影越来越大，直至旋转角等于 90°时，E_x 分量消失，E_y 分量达到最大。从它们的相位图可看出，当倾角不变时，旋转角变化，相位并没有发生变化，这是由于旋转角变化时，只是改变各自方向的偶极矩的幅度，而 E_x 和 E_y 只由某一单一方向的偶极矩产生，导致电场的实部和虚部成比例的变化，因此电场的相位不会改变。当旋转角不变，倾角增大时，E_x 分量幅值也越来越小，但是相位不变；而 E_y 分量振幅和相位均会发生改变，且具有不对称性，这是由于倾角从 0°逐渐增大时，产生了偶极矩的 z 分量，而 E_y 分量是偶极矩 x 分量和 z 分量共同作用的结果，E_y 分量的实部和虚部不会简单地成比例的变化。

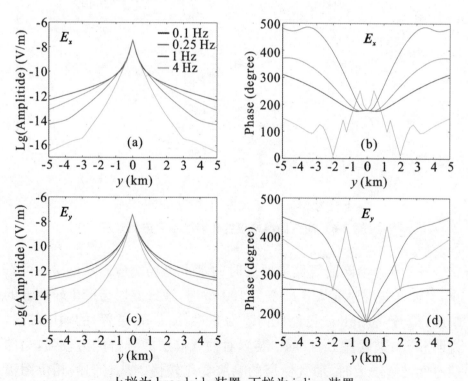

上栏为 broadside 装置，下栏为 inline 装置

图 2-5　电偶源发射频率变化时的水平电场响应

图 2-5 为电偶源不同发射频率时的水平电场响应。从图 2-5 可看出,随着频率逐渐增大,E_x 和 E_y 分量幅值均会逐渐减小,且 E_x 分量幅值比 E_y 分量幅值减小得更快。从它们的相位图可看出,随着频率的增大,相位的变化更快。

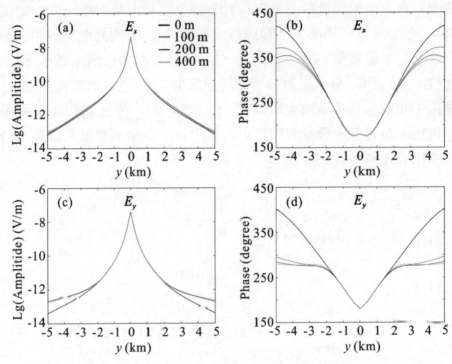

上栏为 broadside 装置,下栏为 inline 装置

图 2-6 油气储层厚度变化时的水平电场响应

图 2-6 为不同油气储层厚度时的水平电场响应。从图 2-6 可看出,当油气储层厚度从 0 m 变为 100 m 时,油气储层会产生较明显的响应,E_y 分量(inline 装置)比 E_x 分量(broadside 装置)的响应较强,说明 inline 装置比 broadside 装置对油气储层的分辨能力较强,当储层厚度继续增大时,油气储层的响应变化较慢。从它们的相位图可看出,当油气储层的厚度变化时,相位也具有明显的变化,尤其是 inline装置的相位变化较明显。

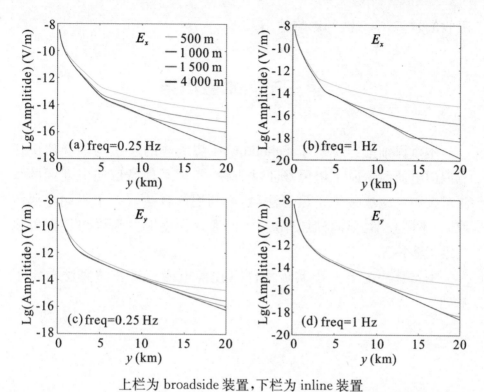

上栏为 broadside 装置，下栏为 inline 装置

图 2-7 海水深度变化时的水平电场响应

图 2-7 为不同海水深度时的水平电场响应。从图 2-7 可看出，海水深度不同时，空气波对电场响应产生的影响不同。当海水深度较浅（500 m）时，电场响应曲线在一个很小的偏移距出现了拐点，空气波开始影响电场响应。当海水深度继续增大时，拐点对应的偏移距越大，说明空气波在电场响应中占主导地位的偏移距越大。在同一偏移距下，海水深度越大，空气波对电磁响应曲线的影响越小，因为海水深度越大，空气波在海水中传播被吸收的越多，影响就越小。如频率为 1 Hz 时，深度为 1 500 m 和 4 000 m 时的 E_y 分量曲线几乎重合，说明此时空气波对接收的电场信号影响很小。当海水深度一致，频率从 0.25 Hz 变化到 1 Hz 时，电场曲线出现拐点的偏移距变大，这是由于随着频率的增大，空气波在海水传播衰减的越快，能量被海水

吸收的越多,空气波的影响越小。

第三节　本章小结

　　本章详细推导了基于 Schelkunoff 势函数的层状均匀介质中任意取向电偶源激励下电磁场正演理论,实现了任意取向电偶源的海洋可控源电磁法一维正演算法,然后利用该算法分析了不同电偶源取向、不同频率、不同储层厚度、不同海水深度时的海洋可控源电磁一维正演特征。

　　本章算法为下一步实现海洋可控源电磁三维正演算法奠定了基础。

第三章　海洋可控源电磁法
三维矢量有限元正演

正演是反演的基础,快速、精确、高效的正演算法是实现反演的关键。海洋可控源电磁法三维正演方法通常有积分方程、有限元、有限差分、有限体积法等。不同的方法有各自的优缺点,考虑到矢量有限元法能保证矢量场的散度为零,避免了传统节点有限元法所存在的伪解问题,本章采用的方法是矢量有限元法。海洋可控源电磁场求解通常有总场法和二次场算法,由于总场法在源点具有奇异特征,需要在源点附近足够加密网格,会给数值模拟带来计算困难,本论著选择的是二次场算法,即将总场分解为一维背景模型产生的一次场和异常体模型产生的二次场。考虑到结构化网格具有编程易实现的特点,本章采用结构化网格对模型区域进行剖分。

本章首先推导了基于二次场算法的频率域海洋可控源电磁三维变分问题的方程,然后采用矢量有限元方法求解该方程,推导了矢量有限元线性方程组,然后采用大型稀疏复对称的线性方程组求解器SSOR-PCG 进行求解,实现了海洋可控源电磁法三维矢量有限元正演模拟。

第一节　变分问题

考虑一个三维海洋地电模型。设走向方向沿 x,水平电偶源位于海底上方海水中。假定时间因子为 $e^{-i\omega t}$,视稳情形下,电场(E)和磁

场（$\boldsymbol{H}$）满足的微分方程为

$$\nabla \times \boldsymbol{E} = \mathrm{i}\omega\mu_0 \boldsymbol{H} \tag{3-1}$$

$$\nabla \times \boldsymbol{H} - (\sigma - \mathrm{i}\omega\varepsilon)\boldsymbol{E} = \boldsymbol{J}_s \tag{3-2}$$

式中，i 为虚数单位，ω 为角频率（rad/s），μ_0 为真空介质磁导率，σ 为介质电导率（S/m），$\varepsilon = \varepsilon_r\varepsilon_0$，$\varepsilon_0$ 为真空中介电常数，ε_r 为介质中相对介电常数，$\boldsymbol{J}_s$ 为电流源分布。由于电流源在其电偶极源处奇异，故会引起数值模拟困难。为了消除电偶源引起的数值模拟困难，在有限元法中应用叠加原理，将电磁场分解为由水平偶极源在一维水平层状介质（σ_0）中产生的一次场（$\boldsymbol{E}^p, \boldsymbol{H}^p$）和由三维异常体（$\sigma_a$）产生的二次场（$\boldsymbol{E}^s, \boldsymbol{H}^s$）：

$$\boldsymbol{E} = \boldsymbol{E}^p + \boldsymbol{E}^s, \quad \boldsymbol{H} = \boldsymbol{H}^p + \boldsymbol{H}^s, \quad \sigma = \sigma_0 + \sigma_a \tag{3-3}$$

一次场满足的偏微分方程为

$$\nabla \times \boldsymbol{E}^p = \mathrm{i}\omega\mu_0 \boldsymbol{H}^p \tag{3-4}$$

$$\nabla \times \boldsymbol{H}^p - (\sigma_0 - \mathrm{i}\omega\varepsilon)\boldsymbol{E}^p = \boldsymbol{J}_s \tag{3-5}$$

该方程具有解析解。

二次场满足的偏微分方程为

$$\nabla \times \boldsymbol{E}^s = \mathrm{i}\omega\mu_0 \boldsymbol{H}^s \tag{3-6}$$

$$\nabla \times \boldsymbol{H}^s - (\sigma - \mathrm{i}\omega\varepsilon)\boldsymbol{E}^s = \sigma_a \boldsymbol{E}^p \tag{3-7}$$

对式（3-6）两边取旋度，并将式（3-7）代入可得：

$$\nabla \times \nabla \times \boldsymbol{E}^s - k^2 \boldsymbol{E}^s = k_s^2 \boldsymbol{E}^p \tag{3-8}$$

式中，$k^2 = \mathrm{i}\omega\mu_0(\sigma - \mathrm{i}\omega\varepsilon)$，$k_s^2 = \mathrm{i}\omega\mu_0\sigma_a$。

方程（3-8）是二次电场所满足的矢量波动方程，采用有限元法解法，通常取外边界足够大，使二次电场在外边界 Γ 处衰减为零，构成了三维地电模型的可控源电磁二次电场的边值问题。

根据广义变分原理[91]，上述边值问题对应的变分问题为

$$\begin{cases} F[\boldsymbol{E}^s] = \dfrac{1}{2}\displaystyle\int_V \left[(\nabla \times \boldsymbol{E}^s) \cdot (\nabla \times \boldsymbol{E}^s) - k^2 \boldsymbol{E}^s \cdot \boldsymbol{E}^s - k_s^2 \boldsymbol{E}^p \cdot \boldsymbol{E}^s \right] \mathrm{d}V \\[2mm] \qquad\qquad \delta F[\boldsymbol{E}^s] = 0 \\[2mm] \qquad \boldsymbol{E}^s = 0 \quad \in \Gamma \end{cases} \tag{3-9}$$

用有限元法解上述变分问题获得各节点的二次电场后,再根据方程(3-6)的展开式可求出各节点的二次磁场:

$$\frac{\partial E_z^s}{\partial y} - \frac{\partial E_y^s}{\partial z} = i\omega\mu_0 H_x^s \qquad (3\text{-}10)$$

$$\frac{\partial E_x^s}{\partial z} - \frac{\partial E_z^s}{\partial x} = i\omega\mu_0 H_y^s \qquad (3\text{-}11)$$

$$\frac{\partial E_y^s}{\partial x} - \frac{\partial E_x^s}{\partial y} = i\omega\mu_0 H_z^s \qquad (3\text{-}12)$$

第二节　矢量有限元分析

一、矢量有限元与节点有限元对比

用通常的节点有限元来表示矢量电磁场,会存在几个严重的问题,一是非物理解或所谓伪解的出现,通常必须强加散度条件,二是边界条件加载不方便。而矢量有限元法具有节点有限元法无法比拟的优点,不仅避免了伪解的出现,而且很容易加载边界条件。由于节点有限元法将自由度赋予单元节点,每个节点有三个方向的分量,而矢量有限元法将自由度赋予单元棱边而不是节点,因此对于一个 $nx \times ny \times nz$ 的长方体网格,节点有限元法的自由度为 $3 \cdot nx \cdot ny \cdot nz$,而采用矢量有限元法的自由度为 $3 \cdot nx \cdot ny \cdot nz - nx \cdot ny - ny \cdot nz - nx \cdot nz$,因此矢量有限元法求解未知量更少,求解效率更高。节点有限元与矢量有限元的一个长方体单元如图3-1所示。对于采用四面体网格或非结构化网格,虽然棱边元离散比节点元离散得到更多的未知量,但是,这更多的未知量被各边间较弱的联系或有限元矩阵的更稀疏所平衡。因此,两种类型单元的内存需求大体相当。

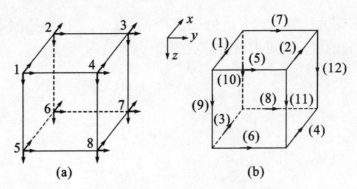

（a）节点有限元元法，（b）矢量有限元法

图 3-1　长方体单元示意图

二、矢量基函数

采用如图 3-2 所示的长方体单元节点编号和棱边编号，其在三个方向 x,y 和 z 的棱边长度分别记为 l_x,l_y 和 l_z，其中心坐标为 (x_c^e,y_c^e,z_c^e)。将电场的切向分量分别赋予长方体单元的每条棱边，则一个单元内 x,y 和 z 三个方向的场分量可表示为[130]

$$E_x^e = \sum_{i=1}^{4} N_{xi}^e E_{xi}^e, \quad E_y^e = \sum_{i=1}^{4} N_{yi}^e E_{yi}^e, \quad E_z^e = \sum_{i=1}^{4} N_{zi}^e E_{zi}^e \quad (3\text{-}13)$$

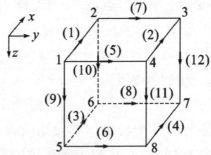

图 3-2　矢量有限元法长方体单元示意图

式中，N_{xi}^e,N_{yi}^e 和 N_{zi}^e 分别为单元内 x,y 和 z 三个方向的矢量基函数，形式如下：

$$\begin{cases} N_{x1}^e = \dfrac{1}{l_y l_z}\left(y_c^e + \dfrac{l_y}{2} - y\right)\left(z_c^e + \dfrac{l_z}{2} - z\right) \\[3mm] N_{x2}^e = \dfrac{1}{l_y l_z}\left(y - y_c^e + \dfrac{l_y}{2}\right)\left(z_c^e + \dfrac{l_z}{2} - z\right) \\[3mm] N_{x3}^e = \dfrac{1}{l_y l_z}\left(y_c^e + \dfrac{l_y}{2} - y\right)\left(z - z_c^e + \dfrac{l_z}{2}\right) \\[3mm] N_{x4}^e = \dfrac{1}{l_y l_z}\left(y - y_c^e + \dfrac{l_y}{2}\right)\left(z - z_c^e + \dfrac{l_z}{2}\right) \end{cases} \tag{3-14}$$

$$\begin{cases} N_{y1}^e = \dfrac{1}{l_z l_x}\left(z_c^e + \dfrac{l_z}{2} - z\right)\left(x_c^e + \dfrac{l_x}{2} - x\right) \\[3mm] N_{y2}^e = \dfrac{1}{l_z l_x}\left(z - z_c^e + \dfrac{l_z}{2}\right)\left(x_c^e + \dfrac{l_x}{2} - x\right) \\[3mm] N_{y3}^e = \dfrac{1}{l_z l_x}\left(z_c^e + \dfrac{l_z}{2} - z\right)\left(x - x_c^e + \dfrac{l_x}{2}\right) \\[3mm] N_{y4}^e = \dfrac{1}{l_z l_x}\left(z - z_c^e + \dfrac{l_z}{2}\right)\left(x - x_c^e + \dfrac{l_x}{2}\right) \end{cases} \tag{3-15}$$

$$\begin{cases} N_{z1}^e = \dfrac{1}{l_x l_y}\left(x_c^e + \dfrac{l_x}{2} - x\right)\left(y_c^e + \dfrac{l_y}{2} - y\right) \\[3mm] N_{z2}^e = \dfrac{1}{l_x l_y}\left(x - x_c^e + \dfrac{l_x}{2}\right)\left(y_c^e + \dfrac{l_y}{2} - y\right) \\[3mm] N_{z3}^e = \dfrac{1}{l_y l_z}\left(x_c^e + \dfrac{l_x}{2} - x\right)\left(y - y_c^e + \dfrac{l_y}{2}\right) \\[3mm] N_{z4}^e = \dfrac{1}{l_y l_z}\left(x - x_c^e + \dfrac{l_x}{2}\right)\left(y - y_c^e + \dfrac{l_y}{2}\right) \end{cases} \tag{3-16}$$

采用如图 3-2 定义的棱边和节点编号,将式(3-13)表示的电场分量表示为矢量形式:

$$E^e = \sum_{i=1}^{12} N_i^e E_i^e \tag{3-17}$$

其中,当 $i=1,2,3,4$ 时,

$$N_i^e = N_{xi}^e \hat{x}, \ N_{i+4}^e = N_{yi}^e \hat{y}, \ N_{i+8}^e = N_{zi}^e \hat{z} \tag{3-18}$$

从上式不难看出,矢量基函数具有零散度和非零旋度的特征。也不难看出,单元小平面上的切向场由组成小平面的棱边上的切向场决定。所以,由(3-17)定义的场不仅保证了穿越棱边时的切向方向连续性,而且保证了穿越单元面时的切向方向连续性。

三、单元积分

由前面的讨论可知,采用矢量基函数对一个矢量波动方程的三维有限元离散时,得到的单元矩阵包含下面两个积分:

$$A_{ij}^e = \iiint_{V^e} (\nabla \times N_i^e) \cdot (\nabla \times N_j^e) \, dV \tag{3-19}$$

$$B_{ij}^e = \iiint_{V^e} N_i^e \cdot N_j^e \, dV \tag{3-20}$$

对于长方体单元,可采用解析公式计算这个积分,将矢量基函数代入式(3-19),可得到下面矩阵:

$$A^e = \begin{bmatrix} A_{xx}^e & A_{xy}^e & A_{xz}^e \\ A_{yx}^e & A_{yy}^e & A_{yz}^e \\ A_{zx}^e & A_{zy}^e & A_{zz}^e \end{bmatrix} \tag{3-21}$$

式中,

$$A_{xx}^e = \iiint_{V^e} \left(\frac{\partial \{N_x^e\}}{\partial y} \frac{\partial \{N_x^e\}^{\mathrm{T}}}{\partial y} + \frac{\partial \{N_x^e\}}{\partial z} \frac{\partial \{N_x^e\}^{\mathrm{T}}}{\partial z} \right) dV$$

$$= \frac{l_x l_z}{6 l_y} K_1 + \frac{l_x l_y}{6 l_z} K_2$$

$$A_{yy}^e = \iiint_{V^e} \left(\frac{\partial \{N_y^e\}}{\partial z} \frac{\partial \{N_y^e\}^{\mathrm{T}}}{\partial z} + \frac{\partial \{N_y^e\}}{\partial x} \frac{\partial \{N_y^e\}^{\mathrm{T}}}{\partial x} \right) dV$$

$$= \frac{l_x l_y}{6 l_z} K_1 + \frac{l_y l_z}{6 l_x} K_2$$

$$A_{zz}^e = \iiint_{V^e} \left[\frac{\partial \{N_z^e\}}{\partial x} \frac{\partial \{N_z^e\}^T}{\partial x} + \frac{\partial \{N_z^e\}}{\partial y} \frac{\partial \{N_z^e\}^T}{\partial y} \right] dV$$

$$= \frac{l_y l_z}{6 l_x} K_1 + \frac{l_x l_z}{6 l_y} K_2$$

$$A_{xy}^e = \{A_{xy}^e\}^T = -\iiint_{V^e} \left[\frac{\partial \{N_x^e\}}{\partial y} \frac{\partial \{N_y^e\}^T}{\partial x} \right] dV = -\frac{l_z}{6} K_3$$

$$A_{zx}^e = \{A_{xz}^e\}^T = -\iiint_{V^e} \left[\frac{\partial \{N_z^e\}}{\partial x} \frac{\partial \{N_x^e\}^T}{\partial z} \right] dV = -\frac{l_y}{6} K_3$$

$$A_{yz}^e = \{A_{zy}^e\}^T = -\iiint_{V^e} \left[\frac{\partial \{N_y^e\}}{\partial z} \frac{\partial \{N_z^e\}^T}{\partial y} \right] dV = -\frac{l_x}{6} K_3$$

且有

$$K_1 = \begin{bmatrix} 2 & -2 & 1 & -1 \\ -2 & 2 & -1 & 1 \\ 1 & -1 & 2 & -2 \\ -1 & 1 & -2 & 2 \end{bmatrix}$$

$$K_2 = \begin{bmatrix} 2 & 1 & -2 & -1 \\ 1 & 2 & -1 & -2 \\ -2 & -1 & 2 & 1 \\ -1 & -2 & 1 & 2 \end{bmatrix}$$

$$K_3 = \begin{bmatrix} 2 & 1 & -2 & -1 \\ -2 & -1 & 2 & 1 \\ 1 & 2 & -1 & -2 \\ -1 & -2 & 1 & 2 \end{bmatrix}$$

将矢量基函数代入式(3-20)积分,可得

$$B^e = \begin{bmatrix} B_{xx}^e & 0 & 0 \\ 0 & B_{yy}^e & 0 \\ 0 & 0 & B_{zz}^e \end{bmatrix} \tag{3-22}$$

其中,

$$B_{pp}^e = \iiint_{V^e} \{N_p^e\}\{N_p^e\}^{\mathrm{T}}\mathrm{d}V = \frac{l_x l_y l_z}{36}\begin{bmatrix} 4 & 2 & 2 & 1 \\ 2 & 4 & 1 & 2 \\ 2 & 1 & 4 & 2 \\ 1 & 2 & 2 & 4 \end{bmatrix}$$

式中，$p = x, y, z$。

将单元积分代入式(3-9)中，得到下面的矩阵方程：

$$[A^e - k^2 B^e][E_x^s \quad E_y^s \quad E_z^s]^{\mathrm{T}} = k_s^2 B^e [E_x^p \quad E_y^p \quad E_z^p]^{\mathrm{T}} \quad (3\text{-}23)$$

其中，

$$\begin{cases} E_x^s = [E_{x1}^s \quad E_{x2}^s \quad E_{x3}^s \quad E_{x4}^s]^{\mathrm{T}} \\ E_y^s = [E_{y1}^s \quad E_{y2}^s \quad E_{y3}^s \quad E_{y4}^s]^{\mathrm{T}} \\ E_z^s = [E_{z1}^s \quad E_{z2}^s \quad E_{z3}^s \quad E_{z4}^s]^{\mathrm{T}} \end{cases}$$

$$\begin{cases} E_x^p = [E_{x1}^p \quad E_{x2}^p \quad E_{x3}^p \quad E_{x4}^p]^{\mathrm{T}} \\ E_y^p = [E_{y1}^s \quad E_{y2}^s \quad E_{y3}^p \quad E_{y4}^p]^{\mathrm{T}} \\ E_z^p = [E_{z1}^p \quad E_{z2}^p \quad E_{z3}^p \quad E_{z4}^p]^{\mathrm{T}} \end{cases}$$

式中，E_{xi}^s，E_{zi}^s，E_{zi}^s 为对应棱边上的二次场值，E_{xi}^p，E_{yi}^p，E_{zi}^p 为对应棱边上的一次场值。

将上面的矩阵方程扩展，最终会生成整个系统的线性方程组：

$$\boldsymbol{Ax} = \boldsymbol{b} \qquad\qquad (3\text{-}24)$$

其中，$\boldsymbol{A}$ 为大型、稀疏、复对称矩阵。

第三节　线性方程组的求解

在地球物理电磁场数值模拟中，最终都会形成一个大型、稀疏、复系数线性方程组，在三维频率域海洋可控源电磁法有限元数值模拟中，产生的线性方程组还有对称正定的特性。本论著采用按行压缩存储格式 CSR[47]（compressed sparse row format）对称稀疏矩阵的存储。下面用一个例子说明 CSR 存储格式：

$$A = \begin{bmatrix} 1 & 0 & -2 & 0 \\ 0 & 2 & -1 & -3 \\ -2 & -1 & 3 & 0 \\ 0 & -3 & 0 & 4 \end{bmatrix}$$

CSR 存储方式采用三个一维数值来存储上面的系数矩阵：val——存储非零元素数组；col——存储每行非零元素对应的列；row——存储每行从对角线开始第一个非零元素在 val 数组中对应的索引值。

表 3-1　CSR 存储列表

数组名	数值元素						
val	1	-2	2	-1	-3	3	4
col	1	3	2	3	4	3	4
row		1	3	6	7		

对于如下形式的线性方程组：

$$Ax = b \tag{3-25}$$

式中，$A = (a_{ij})_{n \times n}$。

稀疏矩阵 A 是对称和奇异的，即不加入边界条件的话，线性方程组（3-25）的解全为零。本论著采用 Dirichlet 边界条件，即

$$E \times n = 0 \tag{3-26}$$

式中，n 为法向单位向量。

加入边界条件后，一般情况下，可用直接法和迭代法的数值方法求解大型线性方程组（3-25）。直接解法包括高斯消元法、LU 分解等，迭代解法则包括各种预处理的共轭梯度法、双共轭梯度法等[131,132]。高斯消元法即将增广矩阵 $\tilde{A} = \{A, b\}$ 通过行变换化为上三角阵 $\tilde{B} = \{B, c\}$，其中 B 为上三角阵，即

$$B = \begin{bmatrix} b_{11} & b_{12} & \cdots & b_{1n} \\ 0 & b_{22} & \cdots & b_{2n} \\ \vdots & \vdots & & \vdots \\ 0 & 0 & \cdots & b_{nn} \end{bmatrix}$$

即方程组化为等价的形式：

$$\begin{bmatrix} b_{11} & b_{12} & \cdots & b_{1n} \\ 0 & b_{22} & \cdots & b_{2n} \\ \vdots & \vdots & & \vdots \\ 0 & 0 & \cdots & b_{nn} \end{bmatrix} \begin{bmatrix} x_1 \\ x_2 \\ \vdots \\ x_n \end{bmatrix} = \begin{bmatrix} c_1 \\ c_2 \\ \vdots \\ c_n \end{bmatrix}$$

则当 b_{ii} 不等于 0 时，

$$x_i = \frac{1}{b_{ii}} \left(c_i - \sum_{j=1}^{n-i} b_{ii+j} x_{i+j} \right) \quad (i = n, n-1, \cdots, 1)$$

在实际应用中，往往使用高斯消元方法的变种，即 LU 分解法。对任意的非奇异矩阵 A，存在下面的分解：

$$A = LU \tag{3-27}$$

式中，

$$L = \begin{bmatrix} 1 & 0 & \cdots & 0 \\ l_{21} & 1 & \cdots & 0 \\ \vdots & \vdots & & \vdots \\ l_{n1} & l_{n1} & \cdots & 1 \end{bmatrix}, \quad U = \begin{bmatrix} u_{11} & u_{12} & \cdots & u_{1n} \\ 0 & u_{22} & \cdots & u_{2n} \\ \vdots & \vdots & & \vdots \\ 0 & 0 & \cdots & u_{nn} \end{bmatrix}$$

设 $y = Ux$，则方程组变为

$$Ly = b \tag{3-28}$$

则

$$y_i = \left(b_i - \sum_{j=1}^{i-1} l_{ij} y_j \right) \quad (i = 1, \cdots, n)$$

$$x_i = \frac{1}{u_{ii}} \left(y_i - \sum_{j=1}^{n-i} u_{ii+j} x_{i+j} \right) \quad (i = n, n-1, \cdots, 1)$$

从上面的方程可知，对于 n 非常大的稀疏矩阵 A，LU 分解中的矩阵 L 和 U 不再具有稀疏矩阵 A 的稀疏结构，往往会产生非稀疏矩阵,若采用直接法求解,内存需求非常大,使得在通常的计算机上无法完成,所以对于大型的稀疏矩阵的线性方程组,还需要迭代的算法求解。对于一个大型、稀疏、复系数线性方程组,考虑到内存需求、计算量等,往往采用预条件的迭代法。预条件就是寻找一个容易直接求解的非奇异矩阵改善原有的线性方程组的系数矩阵的谱结构,提高迭代收敛的速度。

　　本论著采用对称逐步超松弛迭代预处理共轭梯度法(SSOR-PCG)[95],其算法如下。

　　设线性方程组 $\boldsymbol{Ax}=\boldsymbol{b}$ 的系数矩阵 $\boldsymbol{A}$ 为 n 阶对称正定矩阵,用对称逐步超松弛迭代(SSOR)法的分裂矩阵作为预处理矩阵 M:

$$M=(2-\omega)^{-1}(D/\omega+L)(D/\omega)^{-1}(D/\omega+L)^{\mathrm{T}},$$

式中,D 为 A 的对角阵;L 为 A 的严格下三角矩阵;$0<\omega<2$ 为松弛因子。SSOR-PCG 法的迭代格式为

$$\begin{cases} 置初值:x^0,g^0=Ax^0-b,h^0=M^{-1}g^0,d^0=-h,k=0 \\[4pt] \mathrm{R}:\delta=\sqrt{(g^k,h^k)/(g^0,h^0)},如果\ \delta\leqslant\varepsilon,则停止,否则 \\[4pt] \tau_k=(g^k,h^k)/(d^k,Ad^k) \\[4pt] x^{k+1}=x^k+\tau_k d^k,g^{k+1}=g^k+\tau_k Ad^k \\[4pt] h^{k+1}=M^{-1}g^{k+1},\beta_k=(g^{k+1},h^{k+1})/(g^k,h^k) \\[4pt] d^{k+1}=-h^{k+1}+\beta_k d^k,k=k+1 \\[4pt] 转到\ R \end{cases}$$

　　改进的 SSOR-PCG:令 $W=D/\omega+L,V=(2-\omega)D/\omega,y=W^{-1}g,z=W^{\mathrm{T}}d$,则

$$A=W+W^{\mathrm{T}}-V,Ad=Wd+z-Vd,W^{-1}Ad=d+W^{-1}(z-Vd),$$
$$(d,Ad)=(d,2z-Vd),(g,h)=(y,V_y)$$

于是,上述迭代公式可以改写为

$$\begin{cases} 置初值: x^0, g^0 = Ax^0 - b, y^0 = W^{-1}g^0, z^0 = -Vy^0, d^0 = W^{-T}z^0, k = 0 \\ R: \delta = \sqrt{(y^k, Vy^k)/(y^0, Vy^0)}, 如果 \delta \leqslant \varepsilon, 则停止, 否则 \\ \tau_k = (y^k, Vy^k)/(d^k, 2z^k - Vd^k) \\ x^{k+1} = x^k + \tau_k d^k, y^{k+1} = y^k + \tau_k(d^k + W^{-1}(z^k - Vd^k)) \\ \beta_k = (y^{k+1}, Vy^{k+1})/(y^k, Vy^k) \\ z^{k+1} = -Vy^{k+1} + \beta_k z^k, d^{k+1} = W^{-T}z^{k+1} \\ k = k+1 \\ 转到 R \end{cases}$$

第四节　模型实例

一、一维储层模型

本算例采用 Constable 和 Weiss(2006)[28] 提出的海洋可控源一维储层模型(图 3-3)对三维正演算法进行数值精度验证。该模型分五层,海水深度 1 000 m,在海底深度 2 000～2 100 m 范围存在 100 Ω·m 高阻薄储层。采用 broadside 方式激发,即沿 x 方向激发场源,沿 y 方向接收电磁场。场源在海底上方 100 m,其坐标为($x_s = 0$ m, $y_s = 0$ m, $z_s = 900$ m)。在海底布设 51 个接收站,接收站间距 200 m,分布范围为－5 000～5 000 m。发射源发射频率分别为 0.1 Hz、1 Hz、4 Hz。模型网格剖分大小为 89×89×45。迭代计算时,当相对残差 $\delta = \sqrt{(y^k, V_{y^k})/(y^0, V_{y^0})}$ 达到 10^{-7} 时停止迭代。

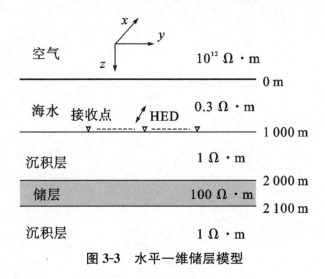

图 3-3　水平一维储层模型

图 3-4、图 3-5 和图 3-6 分别为频率为 0.1 Hz、1 Hz、4 Hz 时的电磁场三维数值解与解析解对比,从图中可看出,电磁场三个方向分量与解析解吻合的很好,曲线的对称性很好。频率为 0.1 Hz 时,电场幅值相对误差在 0.1%以内,磁场幅值相位误差在 1.5%以内,电场相位误差在 0.1°以内,磁场相位误差在 1°以内;频率为 1 Hz 时,电场幅值相对误差在 1%以内,磁场幅值相位误差在 2%以内,电场相位误差在 0.6°以内,磁场相位误差在 1.6°以内;频率为 4 Hz 时,电场幅值相对误差在 1%以内,磁场幅值相位误差在 5%以内,电场相位误差 1.5°以内,磁场相位误差在 2°以内。从不同频率的的正演结果可看出,频率低的计算结果优于高频的,这主要是因为低频电磁波波长更长,在相同的网格下可以获得更高的计算精度。从图 3-7 可知,随着频率的降低,迭代次数增加,这是因为随着频率的降低,双旋度方程中电导率项的作用变小,从而导致稀疏矩阵的条件数变大,方程求解更困难。

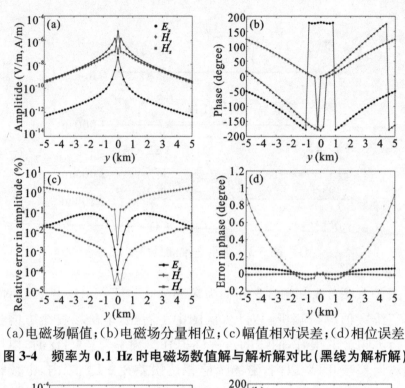

（a）电磁场幅值；（b）电磁场分量相位；（c）幅值相对误差；（d）相位误差

图 3-4　频率为 0.1 Hz 时电磁场数值解与解析解对比（黑线为解析解）

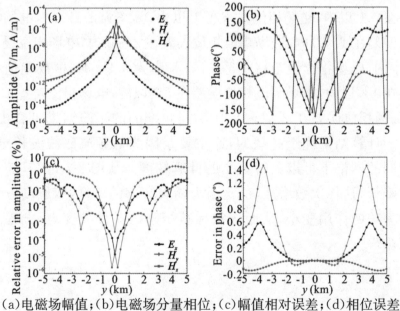

（a）电磁场幅值；（b）电磁场分量相位；（c）幅值相对误差；（d）相位误差

图 3-5　频率为 1 Hz 时电磁场数值解与解析解对比（黑线为解析解）

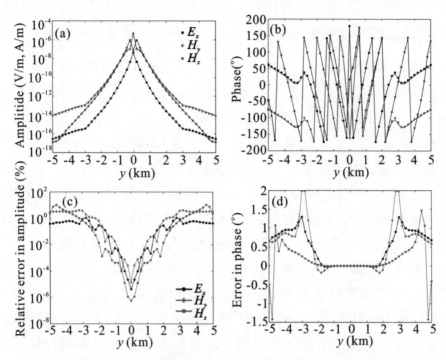

（a）电磁场幅值；（b）电磁场分量相位；（c）幅值相对误差；（d）相位误差

图 3-6　频率为 4 Hz 时电磁场数值解与解析解对比（黑线为解析解）

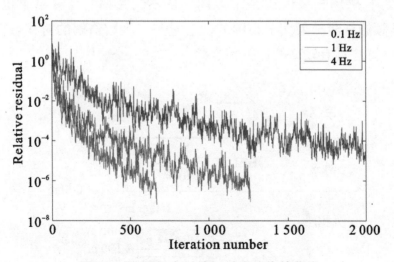

图 3-7　不同频率时的相对残差收敛曲线

二、二维储层模型

本算例采用 SSOR-PCG 算法对一个二维储层模型(图 3-8)进行了正演模拟,并与 Li 和 Key[33] 的二维自适应有限元算法计算结果进行了比较。二维异常体走向为 x 方向,y 方向分布范围为 2 000～6 000 m,z 方向分布范围为 2 000～2 100 m,电阻率为 100 $\Omega \cdot$ m。发射场源位于海底上方 50 m,发射源位置为(x_s＝0 m,y_s＝0 m,z_s＝950 m),水平电偶源沿 x 方向激发,发射频率分别为 0.1 Hz,1 Hz。在海底布设 40 个接收站,接收站间距 200 m(沿 y＝200～8 000 m,且 x＝0 m,z＝1 000 m)。模型网格剖分大小同一维储层模型。

图 3-9 和图 3-10 分别为频率为 0.1 Hz 和 1 Hz 时的电磁场三维数值解与二维数值解的对比。从图 3-9 和图 3-10 可看出,电磁场三维数值解与二维数值解吻合的很好。频率为 0.1 Hz 时,电场幅值相对误差在 0.1% 以内,磁场幅值相对误差在 2% 以内,电场相位误差在 0.1°以内,磁场相位误差在 2.5°以内;频率为 1 Hz 时,电场幅值相对误差在 1% 以内,磁场幅值相位误差在 10% 以内,电场相位误差在 0.5°以内,磁场相位误差在 4°以内。从不同频率的计算结果也可看出,低频的正演结果优于高频的。通过与二维数值解的对比,进一步说明该算法具有较高的计算精度。

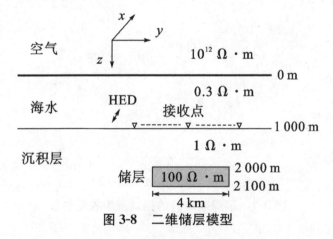

图 3-8　二维储层模型

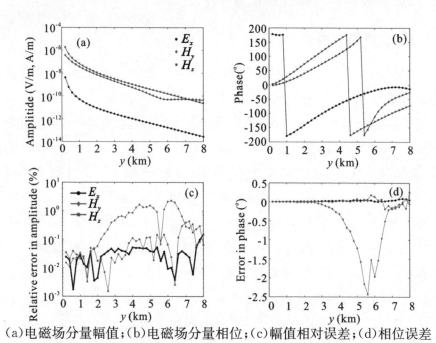

（a）电磁场分量幅值；（b）电磁场分量相位；（c）幅值相对误差；（d）相位误差

图 3-9 频率为 0.1 Hz 时电磁场数值解与 2D 数值解对比（黑线为 2D 数值解）

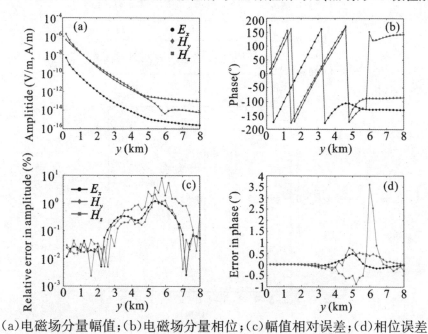

（a）电磁场分量幅值；（b）电磁场分量相位；（c）幅值相对误差；（d）相位误差

图 3-10 频率为 1 Hz 时电磁场数值解与 2D 数值解对比（黑线为 2D 数值解）

三、三维储层模型

本算例对一个三维储层模型（图 3-11）进行了正演模拟分析。该模型背景层共 5 层，分别为空气、海水和三个沉积层，三维异常体的大小为 4 km×4 km×0.1 km，顶面至海底的距离为 1 200 m，电阻率为 100 Ω·m。发射场源位于（$x=0$ m，$y=-5\,000$ m，$z=950$ m）的位置，离海底上方 50 m，水平电偶源沿 x 方向激发，发射频率为 0.1 Hz。在海底沿 x 方向布设两条剖面，分别为剖面 a 和剖面 b，位置分别为（$x=-5\,000\sim5\,000$ m，$y=-400$ m，$z=0$ m）和（$x=-5\,000\sim5\,000$ m，$y=-2\,400$ m，$z=0$ m），接收站间距 200 m。模型网格剖分大小 89×89×46，三维异常体网格剖分为 20×20×5 个单元，剖分单元的长、宽、高分别为 200 m、200 m、20 m。

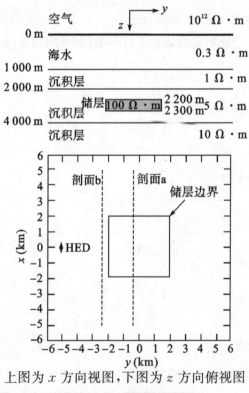

上图为 x 方向视图，下图为 z 方向俯视图

图 3-11　三维储层模型

图 3-12、3-13、3-14 分别为 x、y、z 三个方向的电场幅值剖面曲线;图 3-15、3-16、3-17 分别为 x、y、z 三个方向的磁场幅值剖面曲线;图 3-18、3-19、3-20 分别为 x、y、z 三个方向的电场幅值在海底的平面分布图;图 3-21、3-22、3-23 分别为 x、y、z 三个方向的磁场幅值在海底的平面分布图。

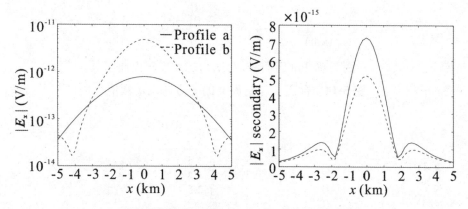

左图为总场剖面曲线,右图为二次场剖面曲线

图 3-12　剖面 a 与剖面 b 的 x 方向电场幅值

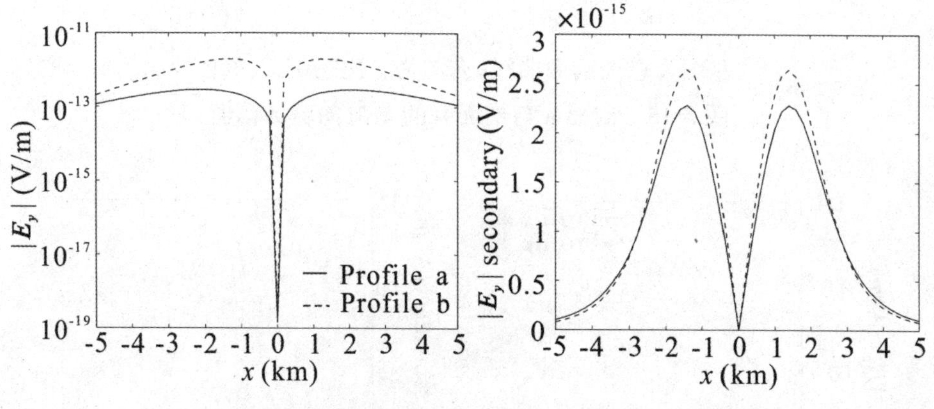

左图为总场剖面曲线,右图为二次场剖面曲线

图 3-13　剖面 a 与剖面 b 的 y 方向电场幅值

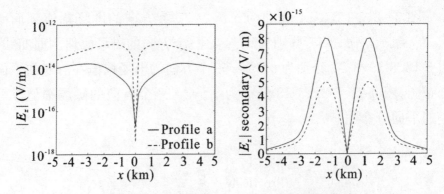

左图为总场剖面曲线，右图为二次场剖面曲线

图 3-14　剖面 a 与剖面 b 的 z 方向电场幅值

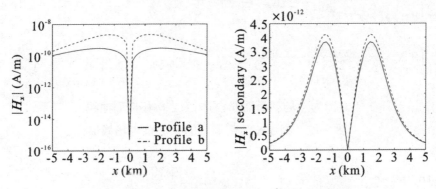

左图为总场剖面曲线，右图为二次场剖面曲线

图 3-15　剖面 a 与剖面 b 的 x 方向磁场幅值

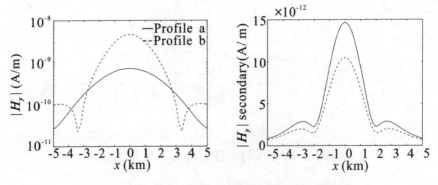

左图为总场剖面曲线，右图为二次场剖面曲线

图 3-16　剖面 a 与剖面 b 的 y 方向磁场幅值

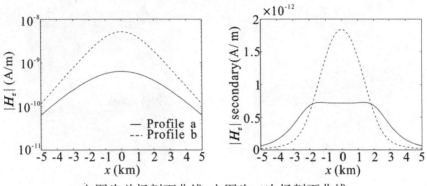

左图为总场剖面曲线，右图为二次场剖面曲线

图 3-17　剖面 a 与剖面 b 的 z 方向磁场幅值

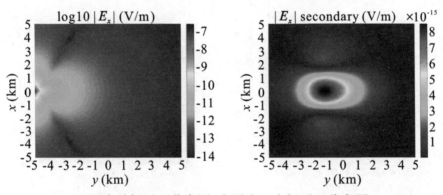

左图为总场平面分布图，右图为二次场平面分布图

图 3-18　x 方向电场幅值平面分布图

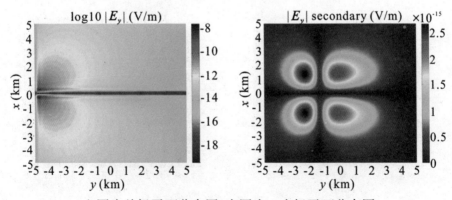

左图为总场平面分布图，右图为二次场平面分布图

图 3-19　y 方向电场幅值平面分布图

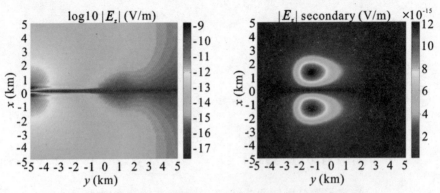

左图为总场平面分布图，右图为二次场平面分布图

图 3-20   z 方向电场幅值平面分布图

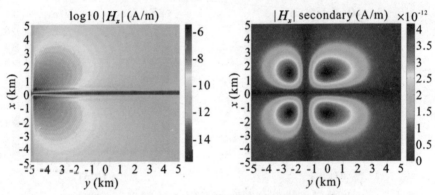

左图为总场平面分布图，右图为二次场平面分布图

图 3-21   x 方向磁场幅值平面分布图

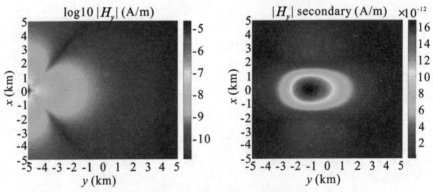

左图为总场平面分布图，右图为二次场平面分布图

图 3-22   y 方向磁场幅值平面分布图

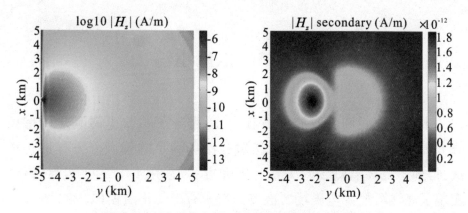

左图为总场平面分布图,右图为二次场平面分布图

图 3-23　z 方向磁场幅值平面分布图

从电磁场的剖面曲线(图 3-12～3-17)可看出,当剖面与电偶源平行时,电磁场剖面曲线有关于电偶源中垂线对称的特征,其中,E_x、H_y 和 H_z 在中垂线上有极大值,E_y、E_z 和 H_x 在中垂线上有极小值(几乎为零),在两侧均有一个极大值,二次场具有与总场剖面曲线的类似特征。所以在 broadside 模式,应测量 E_x、H_y 和 H_z 分量。从电磁场剖面曲线的对比可看出,E_x、H_y 和 H_z 的特征相似;E_y、E_z 和 H_x 的特征相似。随着剖面离电偶源的距离增大,电磁场总场幅值逐渐减小,二次场幅值的变化跟异常体位置密切相关。

从电磁场的平面分布图(图 3-18～3-23)可看出,总场平面分布图中一次场占主导地位,几乎看不出二次场信息,这是因为二次场相对于总场很小。当总场中去除了一次场后,二次场信息对异常体的反映比较明显。其中,E_x 和 H_y 的二次场特征比较相像,在异常体附近有一个极大值区域;E_y 和 H_x 的二次场特征比较相像,在异常体附近有四个极大值区域;E_z 和 H_z 的二次场特征比较相像,E_z 在异常体附近沿 x 方向上有两个极大值区域,H_z 在异常体附近沿 y 方向上有两个极大值区域。这些极大值区域均具有向源的方向偏移的特征。

第五节 本章小结

本章从电磁场的双旋度方程出发,推导了二次电磁满足的偏微分方程,然后采用矢量有限元法对二次场满足的偏微分方程进行离散,得到了二次电磁场的矢量有限元方程,采用 Dirichlet 边界条件,实现了海洋可控源电磁场二次场的矢量有限元正演模拟。

通过一维模型的正演模拟,并与解析解进行对比,表明该算法对不同频率均具有较高的计算精度,且具有迭代次数随频率升高而减小的规律。通过二维模型的正演模拟,并与二维自适应有限元算法的解进行比较,进一步表明了该算法的精确性和可靠性。通过对三维模型的正演模拟,分析了电磁场各个分量的总场和二次场剖面曲线特征和海底平面特征。

第四章 海洋可控源电磁法
三维节点有限元正演

上一章我们实现了频率域海洋可控源电磁三维矢量有限元正演算法。本章在上一章的基础上进一步实现海洋可控源电磁三维节点有限元正演算法。通过解库仑规范下的电磁势间接求取电磁场，即把电场表示成磁矢量势 A 和电标量势 $\varphi^{[37]}$。为了克服由电流源引起的奇异性和数值模拟计算困难，选择将电磁场分解为背景场和二次场，背景场由全空间、半空间或水平层状介质模型的一维正演计算得到，二次场由有限元方法计算得到。考虑到结构化网格具有编程易实现的特点，首先采用结构六面体网格对模型区域进行剖分。

本章首先推导了频率域海洋可控源电磁法磁矢量势和电标量势的双旋度方程，然后采用有限元方法求解该方程，推导了有限元线性方程组，然后采用大型稀疏复对称的线性方程组求解器 SSOR-PCG进行求解，采用简易 Dirichlet 边界条件，实现了海洋可控源电磁三维有限元正演算法。

第一节 电磁场偏微分方程

从麦克斯韦方程组出发，假定时间因子为 $e^{-i\omega t}$，在拟稳态情形下，电场（E）和磁场（H）满足如下的偏微分方程：

$$\nabla \times E = i\omega\mu_0 H \tag{4-1}$$

$$\nabla \times H - (\sigma - i\omega\varepsilon)E = J_s \tag{4-2}$$

式中,i 为虚数单位,ω 为角频率(rad/s),μ_0 为真空介质磁导率,σ 为介质电导率(S/m),ε 为介质的介电常数,$\boldsymbol{J}_s$ 为电流源分布。

采用 Badea 等(2001)[37]一文中的推导方式建立基于电磁势的偏微分方程。由于磁通密度 $\boldsymbol{B}=\mu_0\boldsymbol{H}$ 的散度为零,可以用一个磁矢量势来表示,即

$$\boldsymbol{B}=\nabla\times\boldsymbol{A} \tag{4-3}$$

把式(4-3)代入到式(4-1)中,可知电场矢量可以用该磁矢量势及另一个标量势来表示,即

$$\boldsymbol{E}=\mathrm{i}\omega(\boldsymbol{A}+\nabla\varphi) \tag{4-4}$$

将式(4-3)和式(4-4)代入式(4-2)中,可得到如下关于磁矢量势和电标量势的双旋度方程:

$$\nabla\times\nabla\times\boldsymbol{A}-\mathrm{i}\omega\mu_0\sigma(\boldsymbol{A}+\nabla\varphi)=\mu_0\boldsymbol{J}_s \tag{4-5}$$

为了保证解的唯一性,采用库仑规范条件 $\nabla\cdot\boldsymbol{A}=0$[37]。则上式可变为如下 Helmholtz 方程:

$$\nabla^2\boldsymbol{A}+\mathrm{i}\omega\mu_0\sigma(\boldsymbol{A}+\nabla\varphi)=-\mu_0\boldsymbol{J}_s \tag{4-6}$$

对式(4-5)两边取散度可得

$$\nabla\cdot(\mathrm{i}\omega\mu_0\sigma(\boldsymbol{A}+\nabla\varphi))=-\mu_0\nabla\cdot\boldsymbol{J}_s \tag{4-7}$$

采用合适的边界条件,方程(4-6)和(4-7)可通过有限元法求解。为了消除电偶源引起的奇异性及数值模拟困难,在有限元法中应用叠加原理,将总的电导率模型分解为半空间、全空间、或水平层状介质(σ_p)和异常电导率(σ_s),此时电磁总势分解为一次势($\boldsymbol{A}_p,\varphi_p$)和二次势($\boldsymbol{A}_s,\varphi_s$),形式如下:

$$\boldsymbol{A}=\boldsymbol{A}_p+\boldsymbol{A}_s \tag{4-8}$$

$$\varphi=\varphi_p+\varphi_s \tag{4-9}$$

$$\sigma=\sigma_p+\sigma_s \tag{4-10}$$

对于背景电导率模型,一次势满足的偏微分方程为

$$\begin{cases} \nabla^2\boldsymbol{A}_p+\mathrm{i}\omega\mu_0\sigma_p(\boldsymbol{A}_p+\nabla\varphi_p)=-\mu_0\boldsymbol{J}_s \\ \nabla\cdot(\mathrm{i}\omega\mu_0\sigma_p(\boldsymbol{A}_p+\nabla\varphi_p))=-\mu_0\nabla\cdot\boldsymbol{J}_s \end{cases} \tag{4-11}$$

利用式（4-6）、（4-7）、（4-8）、（4-9）、（4-10）及（4-11），可得二次势满足的偏微分方程为

$$\begin{cases} \nabla^2 \boldsymbol{A}_s + i\omega\mu_0\sigma(\boldsymbol{A}_s + \nabla\varphi_s) = -i\omega\mu_0\sigma_s(\boldsymbol{A}_p + \nabla\varphi_p) \\ \nabla \cdot (i\omega\mu_0\sigma(\boldsymbol{A}_s + \nabla\varphi_s)) = -\nabla \cdot (i\omega\mu_0\sigma_s(\boldsymbol{A}_p + \nabla\varphi_p)) \end{cases} \quad (4\text{-}12)$$

由于 $\boldsymbol{E}_p = i\omega(\boldsymbol{A}_p + \nabla\varphi_p)$，代入上式可得

$$\begin{cases} \nabla^2 \boldsymbol{A}_s + i\omega\mu_0\sigma(\boldsymbol{A}_s + \nabla\varphi_s) = -\mu_0\sigma_s\boldsymbol{E}_p \\ \nabla \cdot (i\omega\mu_0\sigma(\boldsymbol{A}_s + \nabla\varphi_s)) = -\nabla \cdot (\mu_0\sigma_s\boldsymbol{E}_p) \end{cases} \quad (4\text{-}13)$$

式中，$\boldsymbol{E}_p$ 为背景模型的一次电场。

方程（4-13）即为二次势所满足的波动方程，在背景模型一次电场求取的情况下，采用有限元解法，选取合适的边界条件，可得各节点的二次势，然后根据式（4-3）和式（4-4）可将电磁势转换为电磁场。求取二次电磁场后，加上各节点的背景场，就很容易得到各节点的电磁总场。

第二节　有限元分析

一、有限元方程

由于电磁势各分量在不同电导率分界面上是连续的，因此可采用传统的节点有限元法对二次势的偏微分方程进行求解。并假定二次势在无穷远边界满足 Dirichlet 边界条件，即

$$(\boldsymbol{A}_s, \varphi_s) \equiv (0, 0) \quad (4\text{-}14)$$

通常为了简化组装有限元矩阵时的相关计算，在笛卡尔坐标系中，将矢量拉普拉斯算子分解为三个标量拉普拉斯算子。因此，二次磁矢量势 $\boldsymbol{A}_s$ 可表示为

$$\boldsymbol{A}_s = A_{sx}\boldsymbol{x} + A_{sy}\boldsymbol{y} + A_{sz}\boldsymbol{z} \quad (4\text{-}15)$$

采用如图 4-1 所示的节点有限元表示二次势各分量在网格中的

分布情况。单元的每个节点上包含 4 个标量,分别为矢量势的三个分量和标量势。

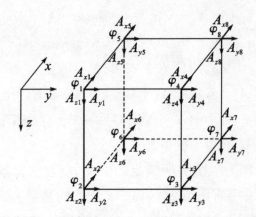

图 4-1   二次势各分量在单元中的分布示意图

利用(4-15)式,对(4-13)式展开可得到:

$$
\begin{cases}
\nabla^2 A_{sx} + \mathrm{i}\omega\mu_0\sigma\left(A_{sx} + \dfrac{\partial\varphi_s}{\partial x}\right) = -\mu_0\sigma_s E_{px} \\[2mm]
\nabla^2 A_{sy} + \mathrm{i}\omega\mu_0\sigma\left(A_{sy} + \dfrac{\partial\varphi_s}{\partial y}\right) = -\mu_0\sigma_s E_{py} \\[2mm]
\nabla^2 A_{sz} + \mathrm{i}\omega\mu_0\sigma\left(A_{sz} + \dfrac{\partial\varphi_s}{\partial z}\right) = -\mu_0\sigma_s E_{pz} \\[2mm]
\mathrm{i}\omega\mu_0\sigma\left(\dfrac{\partial A_{sx}}{\partial x} + \dfrac{\partial A_{sy}}{\partial y} + \dfrac{\partial A_{sz}}{\partial z}\right) + \mathrm{i}\omega\mu_0\sigma\,\nabla\cdot(\nabla\varphi_s) = -\mu_0\sigma_s\,\nabla\cdot(E_p)
\end{cases}
$$

$$(4\text{-}16)$$

采用如下的积分简写形式:

$$(u,v)_\Omega = \int_\Omega uv\mathrm{d}\Omega \qquad (4\text{-}17)$$

利用如下矢量恒等式:

$$
\begin{cases}
(u,\nabla^2 v)_\Omega = -(\nabla u,\nabla v) + \text{面积分} \\[1mm]
(u,\nabla\cdot[\sigma\,\nabla v])_\Omega = -(\sigma\,\nabla u,\nabla v)_\Omega + \text{面积分} \\[1mm]
(u,\nabla\cdot\boldsymbol{A}_s)_\Omega = -(\nabla u,\boldsymbol{A}_s) + \text{面积分}
\end{cases}
\qquad (4\text{-}18)
$$

考虑满足边界条件(4-14)的偏微分方程(4-16)的积分弱解形式。通过在(4-16)式的两边同乘以测试函数 η 并在解空间进行积分得到：

$$\begin{cases} -(\nabla\eta,\nabla A_{sx})_\Omega + i\omega\mu_0\sigma\left[\eta, A_{sx} + \dfrac{\partial\varphi_s}{\partial x}\right]_\Omega = -\mu_0\sigma_s(\eta, E_{px}) \\[3mm] -(\nabla\eta,\nabla A_{sy})_\Omega + i\omega\mu_0\sigma\left[\eta, A_{sy} + \dfrac{\partial\varphi_s}{\partial y}\right]_\Omega = -\mu_0\sigma_s(\eta, E_{py}) \\[3mm] -(\nabla\eta,\nabla A_{sz})_\Omega + i\omega\mu_0\sigma\left[\eta, A_{sz} + \dfrac{\partial\varphi_s}{\partial z}\right]_\Omega = -\mu_0\sigma_s(\eta, E_{pz}) \\[3mm] i\omega\mu_0\sigma(\nabla\eta, \boldsymbol{A}_s)_\Omega + i\omega\mu_0\sigma(\nabla\eta, \nabla\varphi_s) = -\mu_0\sigma_s(\nabla\eta, \boldsymbol{E}_p) \end{cases}$$

$$(4\text{-}19)$$

式中，η 为测试函数，Ω 为体积积分区域。测试函数 η 必须为二次导数可积的连续函数，并在边界上为零。由于测试函数 η 在边界上零，因此式(4-18)中的面积分都为零。

在伽辽金有限元法中[130]，通常取插值函数为测试函数。利用节点有限元法对偏微分方程(4-19)离散后得到如下线性方程组：

$$\boldsymbol{Ku} = \boldsymbol{b} \tag{4-20}$$

当采用节点型有限元法时，每个节点的未知量为 4，假设剖分区域内节点数为 N，则未知数为 4N，$\boldsymbol{K}$ 矩阵为由以下 4×4 的分块矩阵构成的 $4N\times4N$ 的大型、稀疏、复对称系数矩阵：

$$K_{ij} = \begin{bmatrix} (-(\nabla N_i, \nabla N_j)_e + i\omega\mu_0\sigma\,(N_i, N_j)_\Omega)I_{33} & i\omega\mu_0\sigma\,(N_i, \nabla N_j)_e \\[2mm] i\omega\mu_0\sigma\,(\nabla N_i, N_j)_e{}^\mathrm{T} & i\omega\mu_0\sigma\,(\nabla N_i, \nabla N_j)_e \end{bmatrix}$$

$$(4\text{-}21)$$

式中，N_i 为与节点 i 对应的线性插值函数，I_{33} 为 3×3 的单位矩阵。右端源项可表示为 $b = (b_1, \cdots, b_n)^\mathrm{T}$，且

$$b_i = -\mu_0\sigma_s\left\{\sum_k (N_i, N_k)_e E_{pxk}, \sum_k (N_i, N_k)_e E_{pyk}, \sum_k (N_i, N_k)_e E_{pzk}, \right.$$

$$\left.\sum_k \left[\left(\frac{\partial N_i}{\partial x}, N_k\right)_e E_{pxk} + \left(\frac{\partial N_i}{\partial y}, N_k\right)_e E_{pyk} + \left(\frac{\partial N_i}{\partial z}, N_k\right)_e E_{pzk}\right]\right\}^\mathrm{T}$$

$$(4\text{-}22)$$

二、线性插值

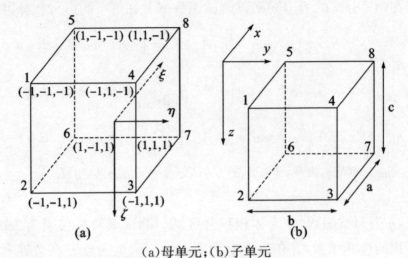

(a)母单元；(b)子单元

图 4-2　长方体剖分单元示意图

采用如图 4-2 所示的母单元和子单元进行单元分析。子单元与母单元之间的坐标对应关系为

$$x = x_0 + \frac{a}{2}\xi \tag{4-23}$$

$$y = y_0 + \frac{b}{2}\eta \tag{4-24}$$

$$z = z_0 + \frac{c}{2}\zeta \tag{4-25}$$

式中，x_0, y_0, z_0 是子单元的中心点坐标，a, b, c 分别为子单元的三个方向边长。微分关系如下：

$$dx = \frac{a}{2}d\xi \tag{4-26}$$

$$dy = \frac{b}{2}d\eta \tag{4-27}$$

$$dz = \frac{c}{2}d\zeta \tag{4-28}$$

$$dx\,dy\,dz = \frac{abc}{8}d\xi\,d\eta\,d\zeta \tag{4-29}$$

构造如下的插值函数[91]：

$$
\begin{cases}
N_1^e = \dfrac{1}{8}(1-\xi)(1-\eta)(1-\zeta) \\[2mm]
N_2^e = \dfrac{1}{8}(1+\xi)(1-\eta)(1-\zeta) \\[2mm]
N_3^e = \dfrac{1}{8}(1+\xi)(1+\eta)(1-\zeta) \\[2mm]
N_4^e = \dfrac{1}{8}(1-\xi)(1+\eta)(1-\zeta) \\[2mm]
N_5^e = \dfrac{1}{8}(1-\xi)(1-\eta)(1+\zeta) \\[2mm]
N_6^e = \dfrac{1}{8}(1+\xi)(1-\eta)(1+\zeta) \\[2mm]
N_7^e = \dfrac{1}{8}(1+\xi)(1+\eta)(1+\zeta) \\[2mm]
N_8^e = \dfrac{1}{8}(1-\xi)(1+\eta)(1+\zeta)
\end{cases}
\tag{4-30}
$$

其统一格式为

$$
N_i = \frac{1}{8}(1+\xi_i\xi)(1+\eta_i\eta)(1+\zeta_i\zeta)
\tag{4-31}
$$

式中，ξ_i，η_i，ζ_i 是节点 i 在母单元中的坐标。

　　基于插值基函数，单元中的势分量可以用单元各顶点的势值来表示：

$$
A_{sx}^e = \sum_1^8 N_j^e A_{sxj}^e
\tag{4-32}
$$

$$
A_{sy}^e = \sum_1^8 N_j^e A_{syj}^e
\tag{4-33}
$$

$$
A_{sz}^e = \sum_1^8 N_j^e A_{szj}^e
\tag{4-34}
$$

$$
\varphi_s^e = \sum_1^8 N_j^e \varphi_{sj}^e
\tag{4-35}
$$

三、单元积分

从上面的讨论可知,采用节点有限元法对二次势的有限元方程进行离散时,包含的单元积分包括:

$$(\nabla N_i, \nabla N_j)_e = \int_e \left(\frac{\partial N_i}{\partial x} \frac{\partial N_j}{\partial x} + \frac{\partial N_i}{\partial y} \frac{\partial N_j}{\partial y} + \frac{\partial N_i}{\partial z} \frac{\partial N_j}{\partial z} \right) \mathrm{d}x\,\mathrm{d}y\,\mathrm{d}z$$

(4-36)

$$(N_i, N_j)_e = \int_e (N_i N_j) \mathrm{d}x\,\mathrm{d}y\,\mathrm{d}z$$ (4-37)

$$(N_i, \nabla N_j)_e = \left[\left(N_i, \frac{\partial N_j}{\partial x}\right)_e, \left(N_i, \frac{\partial N_j}{\partial y}\right)_e, \left(N_i, \frac{\partial N_j}{\partial z}\right)_e \right]^{\mathrm{T}}$$

(4-38)

$$(\nabla N_i, N_j)_e^{\mathrm{T}} = \left[\left(\frac{\partial N_i}{\partial x}, N_j\right)_e, \left(\frac{\partial N_i}{\partial y}, N_j\right)_e, \left(\frac{\partial N_i}{\partial z}, N_j\right)_e \right]$$

(4-39)

将线性插值基函数代入上面的积分中,可得:

$$
\begin{aligned}
\boldsymbol{M}_1 &= \int_e \frac{\partial N_i}{\partial x} \frac{\partial N_j}{\partial x} \mathrm{d}x\,\mathrm{d}y\,\mathrm{d}z = \frac{abc}{8} \int_e \frac{\partial N_i}{\partial \xi} \frac{\partial \xi}{\partial x} \frac{\partial N_j}{\partial \xi} \frac{\partial \xi}{\partial x} \mathrm{d}\xi\,\mathrm{d}\eta\,\mathrm{d}\zeta \\
&= \frac{bc}{2a} \int_e \frac{\partial N_i}{\partial \xi} \frac{\partial N_j}{\partial \xi} \mathrm{d}\xi\,\mathrm{d}\eta\,\mathrm{d}\zeta \\
&= \frac{bc}{36a}
\begin{bmatrix}
4 & 2 & 1 & 2 & -4 & -2 & -1 & -2 \\
2 & 4 & 2 & 1 & -2 & -4 & -2 & -1 \\
1 & 2 & 4 & 2 & -1 & -2 & -4 & -2 \\
2 & 1 & 2 & 4 & -2 & -1 & -2 & -4 \\
-4 & -2 & -1 & -2 & 4 & 2 & 1 & 2 \\
-2 & -4 & -2 & -1 & 2 & 4 & 2 & 1 \\
-1 & -2 & -4 & -2 & 1 & 2 & 4 & 2 \\
-2 & -1 & -2 & -4 & 2 & 1 & 2 & 4
\end{bmatrix}
\end{aligned}
$$

$$\boldsymbol{M}_2 = \int_e \frac{\partial N_i}{\partial y} \frac{\partial N_j}{\partial y} \mathrm{d}x\,\mathrm{d}y\,\mathrm{d}z = \frac{abc}{8} \int_e \frac{\partial N_i}{\partial \eta} \frac{\partial \eta}{\partial y} \frac{\partial N_j}{\partial \eta} \frac{\partial \eta}{\partial y} \mathrm{d}\xi\,\mathrm{d}\eta\,\mathrm{d}\zeta$$

$$= \frac{ac}{2b} \int_e \frac{\partial N_i}{\partial \eta} \frac{\partial N_j}{\partial \eta} \mathrm{d}\xi\,\mathrm{d}\eta\,\mathrm{d}\zeta$$

$$= \frac{ac}{36b}
\begin{bmatrix}
4 & 2 & -2 & -4 & 2 & 1 & -1 & -2 \\
2 & 4 & -4 & -2 & 1 & 2 & -2 & -1 \\
-2 & -4 & 4 & 2 & -1 & -2 & 2 & 1 \\
-4 & -2 & 2 & 4 & -2 & -1 & 1 & 2 \\
2 & 1 & -1 & -2 & 4 & 2 & -2 & -4 \\
1 & 2 & -2 & -1 & 2 & 4 & -4 & -2 \\
-1 & -2 & 2 & 1 & -2 & -4 & 4 & 2 \\
-2 & -1 & 1 & 2 & -4 & -2 & 2 & 4
\end{bmatrix}$$

$$\boldsymbol{M}_3 = \int_e \frac{\partial N_i}{\partial z} \frac{\partial N_j}{\partial z} \mathrm{d}x\,\mathrm{d}y\,\mathrm{d}z = \frac{abc}{8} \int_e \frac{\partial N_i}{\partial \zeta} \frac{\partial \zeta}{\partial z} \frac{\partial N_j}{\partial \zeta} \frac{\partial \zeta}{\partial z} \mathrm{d}\xi\,\mathrm{d}\eta\,\mathrm{d}\zeta$$

$$= \frac{ab}{2c} \int_e \frac{\partial N_i}{\partial \zeta} \frac{\partial N_j}{\partial \zeta} \mathrm{d}\xi\,\mathrm{d}\eta\,\mathrm{d}\zeta$$

$$= \frac{ab}{36c}
\begin{bmatrix}
4 & -4 & -2 & 2 & 2 & -2 & -1 & 1 \\
-4 & 4 & 2 & -2 & -2 & 2 & 1 & -1 \\
-2 & 2 & 4 & -4 & -1 & 1 & 2 & -2 \\
2 & -2 & -4 & 4 & 1 & -1 & -2 & 2 \\
2 & -2 & -1 & 1 & 4 & -4 & -2 & 2 \\
-2 & 2 & 1 & -1 & -4 & 4 & 2 & -2 \\
-1 & 1 & 2 & -2 & -2 & 2 & 4 & -4 \\
1 & -1 & -2 & 2 & 2 & -2 & -4 & 4
\end{bmatrix}$$

$$\boldsymbol{M}_4 = \int_e N_i N_j \mathrm{d}x\,\mathrm{d}y\,\mathrm{d}z = \frac{abc}{8} \int_e N_i N_j \mathrm{d}\xi\,\mathrm{d}\eta\,\mathrm{d}\zeta$$

$$= \frac{abc}{216} \begin{bmatrix} 8 & 4 & 2 & 4 & 4 & 2 & 1 & 2 \\ 4 & 8 & 4 & 2 & 2 & 4 & 2 & 1 \\ 2 & 4 & 8 & 4 & 1 & 2 & 4 & 2 \\ 4 & 2 & 4 & 8 & 2 & 1 & 2 & 4 \\ 4 & 2 & 1 & 2 & 8 & 4 & 2 & 4 \\ 2 & 4 & 2 & 1 & 4 & 8 & 4 & 2 \\ 1 & 2 & 4 & 2 & 2 & 4 & 8 & 4 \\ 2 & 1 & 2 & 4 & 4 & 2 & 4 & 8 \end{bmatrix}$$

$$\boldsymbol{M}_5 = \left(N_i, \frac{\partial N_j}{\partial x} \right)_e = \int_e N_i \frac{\partial N_j}{\partial x} \mathrm{d}x\,\mathrm{d}y\,\mathrm{d}z = \frac{abc}{8} \int_e N_i \frac{\partial N_j}{\partial \xi} \frac{\partial \xi}{\partial x} \mathrm{d}\xi\,\mathrm{d}\eta\,\mathrm{d}\zeta$$

$$= \frac{bc}{4} \int_e N_i \frac{\partial N_j}{\partial \xi} \mathrm{d}\xi\,\mathrm{d}\eta\,\mathrm{d}\zeta$$

$$= \frac{bc}{72} \begin{bmatrix} -4 & -2 & -1 & -2 & 4 & 2 & 1 & 2 \\ -2 & -4 & -2 & -1 & 2 & 4 & 2 & 1 \\ -1 & -2 & -4 & -2 & 1 & 2 & 4 & 2 \\ -2 & -1 & -2 & -4 & 2 & 1 & 2 & 4 \\ -4 & -2 & -1 & -2 & 4 & 2 & 1 & 2 \\ -2 & -4 & -2 & -1 & 2 & 4 & 2 & 1 \\ -1 & -2 & -4 & -2 & 1 & 2 & 4 & 2 \\ -2 & -1 & -2 & -4 & 2 & 1 & 2 & 4 \end{bmatrix}$$

$$\boldsymbol{M}_6 = \left(N_i, \frac{\partial N_j}{\partial y} \right)_e = \int_e N_i \frac{\partial N_j}{\partial y} \mathrm{d}x\,\mathrm{d}y\,\mathrm{d}z = \frac{abc}{8} \int_e N_i \frac{\partial N_j}{\partial \eta} \frac{\partial \eta}{\partial y} \mathrm{d}\xi\,\mathrm{d}\eta\,\mathrm{d}\zeta$$

$$= \frac{ac}{4} \int_e N_i \frac{\partial N_j}{\partial \eta} \mathrm{d}\xi\,\mathrm{d}\eta\,\mathrm{d}\zeta$$

$$= \frac{ac}{72} \begin{bmatrix} -4 & -2 & 2 & 4 & -2 & -1 & 1 & 2 \\ -2 & -4 & 4 & 2 & -1 & -2 & 2 & 1 \\ -2 & -4 & 4 & 2 & -1 & -2 & 2 & 1 \\ -4 & -2 & 2 & 4 & -2 & -1 & 1 & 2 \\ -2 & -1 & 1 & 2 & -4 & -2 & 2 & 4 \\ -1 & -2 & 2 & 1 & -2 & -4 & 4 & 2 \\ -1 & -2 & 2 & 1 & -2 & -4 & 4 & 2 \\ -2 & -1 & 1 & 2 & -4 & -2 & 2 & 4 \end{bmatrix}$$

$$\boldsymbol{M}_7 = \left(N_i, \frac{\partial N_j}{\partial z} \right)_e = \int_e N_i \frac{\partial N_j}{\partial z} \mathrm{d}x\,\mathrm{d}y\,\mathrm{d}z = \frac{abc}{8} \int_e N_i \frac{\partial N_j}{\partial \zeta} \frac{\partial \zeta}{\partial z} \mathrm{d}\xi\,\mathrm{d}\eta\,\mathrm{d}\zeta$$

$$= \frac{ab}{4} \int_e N_i \frac{\partial N_j}{\partial \zeta} \mathrm{d}\xi\,\mathrm{d}\eta\,\mathrm{d}\zeta$$

$$= \frac{ab}{72} \begin{bmatrix} -4 & 4 & 2 & -2 & -2 & 2 & 1 & -1 \\ -4 & 4 & 2 & -2 & -2 & 2 & 1 & -1 \\ -2 & 2 & 4 & -4 & -1 & 1 & 2 & -2 \\ -2 & 2 & 4 & -4 & -1 & 1 & 2 & -2 \\ -2 & 2 & 1 & -1 & -4 & 4 & 2 & -2 \\ -2 & 2 & 1 & -1 & -4 & 4 & 2 & -2 \\ -1 & 1 & 2 & -2 & -2 & 2 & 4 & -4 \\ -1 & 1 & 2 & -2 & -2 & 2 & 4 & -4 \end{bmatrix}$$

$$\left(\frac{\partial N_i}{\partial x}, N_j \right)_e = \boldsymbol{M}_5{}^{\mathrm{T}}$$

$$\left(\frac{\partial N_i}{\partial y}, N_j \right)_e = \boldsymbol{M}_6{}^{\mathrm{T}}$$

$$\left(\frac{\partial N_i}{\partial z}, N_j \right)_e = \boldsymbol{M}_7{}^{\mathrm{T}}$$

将上述单元积分所得到的矩阵代入到式(4-21)和(4-22)中,得到:

$$K_{ij}^e = \begin{bmatrix} (-(M_1 + M_2 + M_3) + i\omega\mu_0\sigma M_4)I_{33} & i\omega\mu_0\sigma [M_5, M_6, M_7]^T \\ i\omega\mu_0\sigma [M_5^T, M_6^T, M_7^T] & i\omega\mu_0\sigma (M_1 + M_2 + M_3) \end{bmatrix},$$

$$b_i^e = -\mu_0\sigma_a \Big\{ \sum_k M_4 E_{pxk}, \sum_k M_4 E_{pyk}, \sum_k M_4 E_{pzk}, $$

$$\sum_k [M_5^T E_{pxk} + M_6^T E_{pyk} + M_7^T E_{pzk}] \Big\}^T$$

第三节 模型实例

一、一维储层模型

采用图 3-3 所示的 MCSEM 海洋可控源电磁一维储层模型对算法进行数值模拟精度验证。假设发射源水平旋转角为 45°,倾角为 30°,发射源位置为(0 m,0 m,900 m),离海底上方 100 m,发射频率为 0.1 Hz,计算水平电场分量和磁场分量。测线沿 y 方向分布于海底,共 51 个接收站,接收站间距 200 m,分布范围为 $y=-5\sim5$ km。

采用空气、海水、沉积层作为背景模型。图 4-3 和图 4-4 为水平电磁场三维数值解与一维解析解比较,从图中可看出,电磁场三维数值解与一维解析解吻合得很好,由于采用二次场算法,源点附近数值解与解析解的相对误差更小。从图 4-3 和图 4-4 可看出,电场幅值的相对误差基本在 0.1%以内,相位误差在 0.3°以内,磁场幅值的相对误差在 2%以内,相位误差在 1°以内,表明该算法具有很高的计算精度,电场数值解的精度比磁场数值解的精度高。

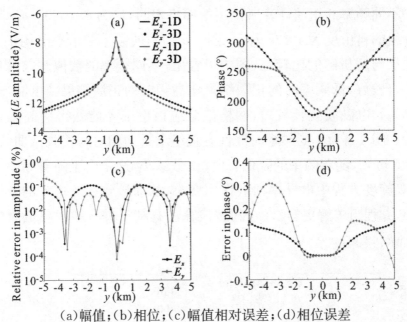

（a）幅值；（b）相位；（c）幅值相对误差；（d）相位误差

图 4-3　水平电场 3D 数值解与 1D 解析解比较

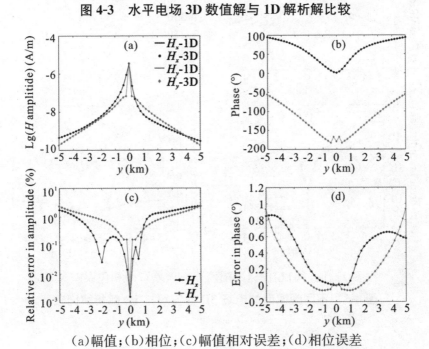

（a）幅值；（b）相位；（c）幅值相对误差；（d）相位误差

图 4-4　水平磁场 3D 数值解与 1D 解析解比较

不同频率的正演计算所使用的网格相同,均为 89×89×45,线性方程组的自由度为 1 425 780。图 4-5 为不同频率的水平电场正演计算结果与解析解的比较,从图中可看出,不同频率的数值解与解析解均吻合较好,低频率时的正演结果比高频时的正演结果精度高,这是由于高频电磁波波长较短,网格剖分应该更细才能获得更高的计算精度。图 4-6 为不同频率时线性方程组求解的相对残差收敛曲线,从图 4-6 可知,随着频率的降低,迭代次数减小,这是由于随着频率的降低,双旋度方程中电导率项的作用变小,从而导致稀疏矩阵的条件数变小,方程组求解更容易。因此,该算法有利于进行频率较低时的正演计算。

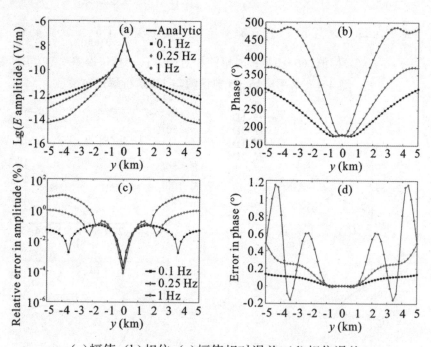

(a)幅值;(b)相位;(c)幅值相对误差;(d)相位误差

图 4-5 不同频率时的电场 3D 数值解与 1D 解析解比较

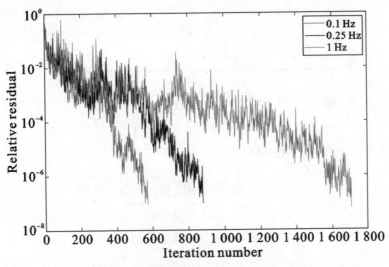

图 4-6　不同频率时的相对残差收敛曲线

二、二维储层模型

采用该算法对图 4-7 所示的二维储层模型进行正演模拟,并与 Li 和 Key(2007)[33] 的二维自适应有限元算法计算结果进行比较。二维异常体沿 y 方向的分布范围为 $2\sim6$ km,沿 z 方向的分布范围为 $2\sim2.1$ km,电阻率为 100 Ω·m。发射源位置为$(x_s=0$ m$,y_s=0$ m$,z_s=950$ m$)$,离海底上方 50 m,发射频率为 0.1 Hz,分别观测 broadside 和 inline 两种装置的电磁场分量。测线沿 y 方向,共 40 个接收站,接收站间距 200 m,分布在 $y=200$ m~8 km 之间。

图 4-8 和图 4-9 分别为 broadside 和 inline 装置的电磁场三维数值解与二维数值解的比较。从图 4-8 和图 4-9 可看出,两种模式的电磁场三维数值解与二维数值解均吻合得很好,偏移距较小时相对误差更小。偏移距较大时,broadside 装置电磁场幅值相对误差基本在 1% 以内,相位误差在 $1.5°$ 以内;inline 装置电磁场幅值相对误差在 4% 以内,相位误差在 $7°$ 以内。通过与二维数值解的比较,进一步说明该算法具有较高的计算精度。

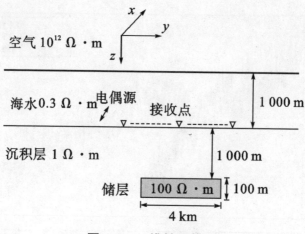

图 4-7　二维储层模型

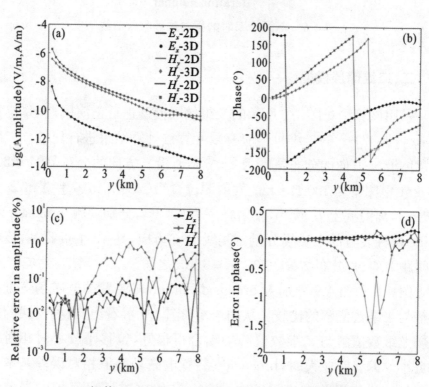

（a）幅值；（b）相位；（c）幅值相对误差；（d）相位误差

图 4-8　broadside 装置电磁场 3D 数值解与 2D 数值解比较

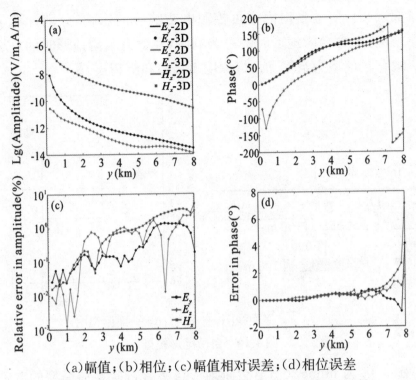

（a）幅值；（b）相位；（c）幅值相对误差；（d）相位误差

图 4-9　inline 装置电磁场 3D 数值解与 2D 数值解比较

三、含台阶地形的三维储层模型

本算例对一个含台阶地形的三维储层模型（图 4-10）进行了正演模拟分析。该模型背景层共 3 层，分别为空气、海水和沉积层，在 $y =$ 0 m 位置有一个高度为 100 m 的台阶地形。沉积层中含有一个三维储层，范围为（$x = -2 \sim 2$ km，$y = -2 \sim 2$ km，$z = 2 \sim 2.1$ km），电阻率为 100 Ω·m。发射场源位于（$x = 0$ m，$y = -5\,000$ m，$z = 900$ m），离海底上方 100 m，发射频率为 0.1 Hz，分别观测 inline 和 broadside 两种装置的电磁场分量。测线沿 y 方向布设，共 51 个接收站，位置为（$x = 0$ m，$y = -5\,000 \sim 5\,000$ m，$z = 0$ m），接收站间距 200 m。模型网格剖分大小 $61 \times 61 \times 39$，三维异常体网格剖分为 $20 \times 20 \times 5$ 个单元，剖分单元的长、宽、高分别为 200 m、200 m、20 m。为了分析三维储层和台阶地形对海洋可控源电磁响应的影响,分别计算了背景场响应,不含台阶地形时的总场响应,及含有台阶地形时的总场响应。取背景模型为空气、海水(深度 1 km)和沉积层。

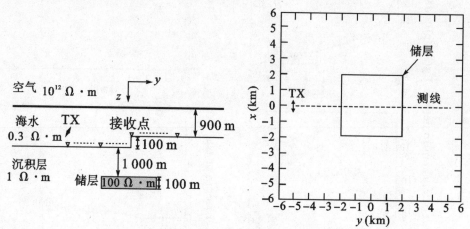

左图为 *yoz* 平面视图,右图为 *xoy* 平面俯视图

图 4-10   台阶地形模型

图 4-11 为 inline 装置含台阶地形与不含台阶地形模型的电磁总场响应与背景场响应的比较,图 4-12 为 broadside 装置含台阶地形与不含台阶地形模型的电磁总场响应与背景场响应的比较。从图 4-11 与 4-12 可看出,收发距较小时,由于二次场相对背景场较小,薄的油气储层在电磁场响应中的反映较弱,电磁场响应曲线重合;在收发距大于 4 km 时,含有油气储层模型的电磁响应开始从背景模型响应中分离,其中 inline 装置比 broadside 装置反映更加明显。地形的影响会对油气储层的电磁响应产生明显的干扰,在台阶地形附近,带地形与不带地形时的电磁响应分量产生明显的分离,尤其是 *z* 分量电场的分离较大。因此,分析油气储层的电磁响应时,有必要考虑地形的影响。

图 4-13 和图 4-14 为海洋可控源电磁二次场响应分量幅值在海底的平面分布图。从图 4-13 和图 4-14 可看出,当去除了背景场后,二次电磁场信息对油气储层的反映十分明显,表现为极大值区域,且极大值区域会向源的方向移动,并不对应于异常体的正中央,且inline

装置比 broadside 装置的二次电磁场响应更加明显。E_x 和 H_y 分量的平面特征非常相近，broadside 装置时有一个极大值区域，inline 装置时有两个极大值区域；E_y 和 H_x 分量的平面特征非常相近，broadside 装置时有四个极大值区域，inline 装置时有两个极大值区域。

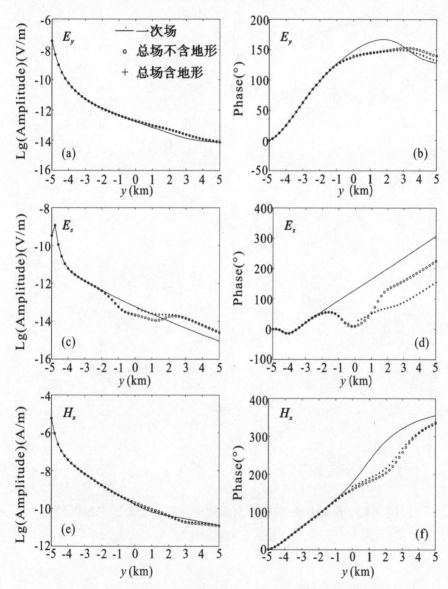

图 4-11　inline 装置含台阶地形与不含台阶地形模型的电磁总场响应比较

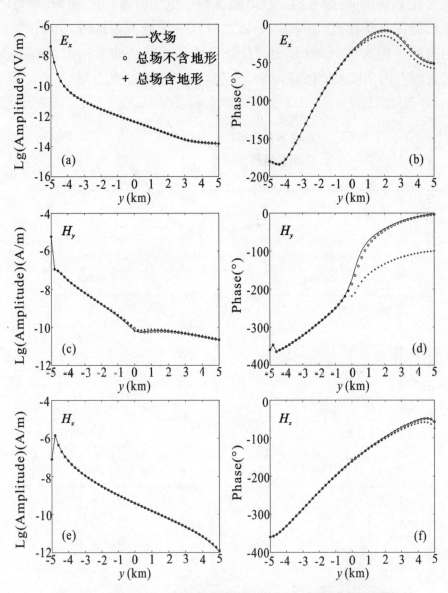

图 4-12 broadside 装置含台阶地形与不含台阶地形模型的
电磁总场响应比较

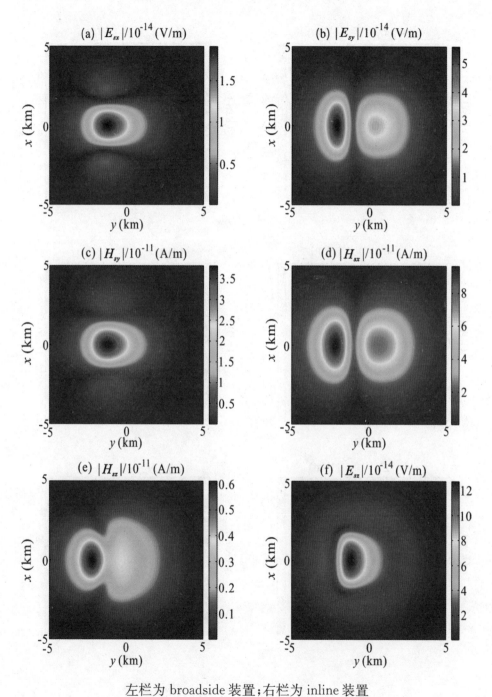

左栏为 broadside 装置；右栏为 inline 装置

图 4-13　不含台阶地形模型二次电磁场响应幅值海底平面分布

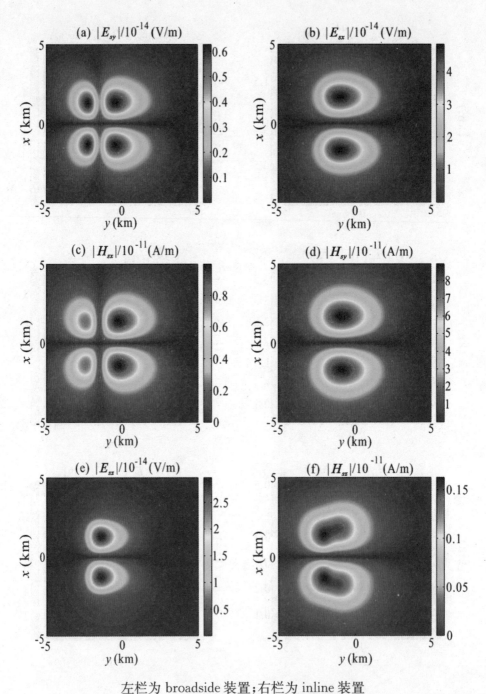

左栏为 broadside 装置；右栏为 inline 装置

图 4-14 不含台阶地形模型二次电磁场响应幅值海底平面分布图

第四节　本章小结

　　本章通过解库仑规范下的电磁势间接求取电磁场,推导了磁矢量势和电标量势的双旋度方程,然后采用有限元法对电磁势满足的偏微分方程进行离散,得到了电磁势的有限元方程组,采用大型稀疏复对称的线性方程组求解器 SSOR-PCG 进行求解,采用 Dirichlet 边界条件,实现了基于结构网格的海洋可控源电磁三维有限元正演算法。

　　通过一维模型的正演模拟,并与解析解进行对比,表明该算法具有较高的计算精度。通过二维模型的正演模拟,并与二维自适应有限元算法的解进行比较,进一步表明了该算法的精确性和可靠性。通过对一个含有台阶地形的三维储层模型正演模拟,分析了不同装置(inline 与 broadside)三维油气储层的响应特征和台阶地形的影响特征,模拟结果显示,broadside 装置电磁场较平滑,inline 装置油气储层的电磁场响应较大,受地形的影响亦较大。因此,分析油气储层的电磁响应时,有必要考虑地形的影响。

第五章　海洋可控源电磁法三维非结构网格有限元正演

上一章,我们分析了基于结构网格的海洋可控源电磁三维有限元正演,基于结构网格的有限元算法能精确地模拟水平海底地形和水平界面等简单构造,但应用于伏海底地形和倾斜界面等复杂构造时很难达到满意的精度,而且其网格设置和加密要靠手动调节,会给海洋可控源电磁三维正演带来一定的误差。而采用非结构网格可以有效避免这些问题,它可以精确地模拟起伏海底地形和倾斜界面等复杂地质构造,另外,非结构网格剖分具有局部加密功能,能够在同一网格上模拟较小尺度和较大尺度的构造,而且具有更高的计算效率。

本章首先讨论了三维非结构网格剖分及局部加密策略,实现了几种不同策略的非结构网格局部加密,然后推导了海洋可控源电磁三维非结构网格有限元方程,编程实现了基于非结构网格的海洋可控源电磁三维有限元正演算法。并以模型实例分析了该算法的精度和计算效率,最后采用该算法对起伏海底地形和倾斜界面等复杂构造进行了正演模拟分析。

第一节　三维非结构网格剖分

在正演模拟中,模型的网格剖分按照生成单元类型可分为结构网格与非结构网格,结构网格剖分生成的网格单元一般为长方形或长方体,而非结构网格剖分生成的网格单元一般为三角形或四面体。在三角形和四面体网格自动生成中,应用最为普遍也是发展最为成熟的方法有三种:八叉树法[68,69],Delaunay 方法[63~65]和波前法[70],这几种方法中尤其以 Delaunay 方法最为出色。Delaunay 三角网剖分具有三个重要的性质:(1)一组点集的 Delaunay 三角化,形成三角形的最小角之和最大;(2)具有公共边的两个相邻 Delaunay 三角形,三角形的最小角最大;(3)Delaunay 三角形的外接圆不包含任何其他的顶点[63~65]。以上性质也可推广到三维情形下。Delaunay 网格剖分方法主要包括以下几个步骤:首先用分段线性结构体(PLG)表示地球物理几何模型,用平面直线图(PSLG)表示分段线性结构体(PLG)中的面;其次根据受约束的 Delaunay 准则将 PLG/PSLG 模型进行自适应的单元剖分;再次根据需要对所得的网格进行必要的粗化或细化,使网格存在一定的梯度关系,以满足有限元计算的精度和时间要求[79]。Delaunay 网格剖分方法整体过程如图 5-1 所示。

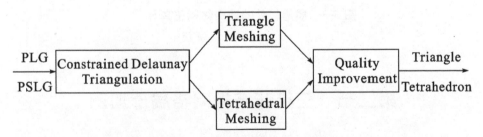

图 5-1 PLG/PSLG 模型的三角形/四面体剖分过程[79]

本论著采用的非结构网格剖分由 Delaunay 法网格剖分程序 Tetgen[76]生成,它通过 Q 值(四面体的外接球半径 R 与四面体的最短边 L 之比,即 $Q=R/L$)来控制所生成的四面体的质量。一般情况下,质量好的四面体 Q 值较小(图 5-2),质量差的四面体 Q 值较大(图 5-3),但是 Q 值太小,生成的四面体单元数量会大大增加,这就会导致有限元计算量大大增加,降低计算效率。因此,在实际应用 Tetgen

时,如果需要得到高质量的网格剖分,需要指定 Q 值,根据测试,Q 值取 1~1.4 较好。本论著非结构化网格剖分和细化 Q 值取为 1.2。

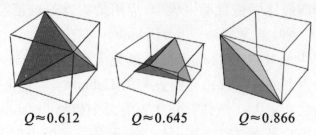

$Q \approx 0.612$ $Q \approx 0.645$ $Q \approx 0.866$

图 5-2 质量较好的四面体网格单元[76]

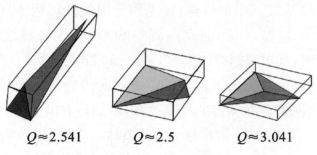

$Q \approx 2.541$ $Q \approx 2.5$ $Q \approx 3.041$

图 5-3 质量较差的四面体网格单元[76]

第二节 三维非结构网格局部加密

网格剖分后单元的大小会直接影响到有限元数值解的精度。单元太大,精度往往不高,单元太小,会造成节点太多,从而求解线性方程组的压力较大。使用规则网格时,一般会在精度和求解上作平衡。非结构网格的加密则更加灵活,网格加密方法有:全局体积加密(GVR)、局部体积加密(LVR)和局部测点加密(LNR)。GVR 虽然可以提高有限元解的精度,但是其计算量非常大,过多的节点对计算效率提高作用不大,因此非结构网格的加密通常采用 LNR 和 LVR。

Rücker 等(2006)[82]指出在测点的正下方一定深度增加一个节点,作为生成单元时的控制顶点,额外增加的控制点会改善求解结果,但是它会破坏节点分布的均匀性,从而影响单元的质量,而且节点距离测线太近,会带来过多的节点,并且对精度没有明显提高。任政勇和汤井田(2009)[86]提出通过在测点正下方加入一个小四边形,小四边形的四个顶点作为网格生成时的控制顶点,可以达到改善求解精度的效果,并指出精度要求较高时或模型复杂时,LVR 是提高数值模拟精度的保证。但是对于起伏地形在测点下方加入四个顶点难以控制,而且这种人为加入控制顶点的方法,在网格生成时,为保证单元体的质量,有时会有顶点被剔除。为了克服以上弊端,本论著采用 LNR 与 LVR 相结合的方式实现非结构网格的局部加密,LNR 寻找测点所在的单元,然后对这些单元体积约束加密,由于本论著采用二次场的方法,异常区域相当于源区,因此 LVR 对异常体区域进行体积约束加密,网格局部加密策略如图 5-4 所示。

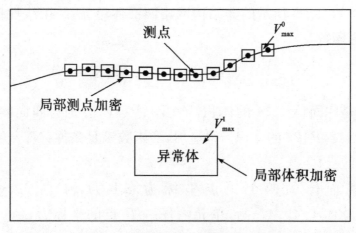

图 5-4　网格局部加密策略示意图

第三节　有限元分析

一、单元分析

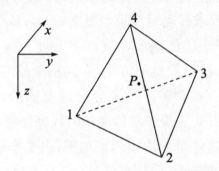

图 5-5　非结构化网格四面体单元

对于如图 5-5 所示的非结构网格四面体单元,采用线性插值,构造如下形函数:

$$N_1=\frac{V_1}{V},N_2=\frac{V_2}{V}\quad,N_3=\frac{V_3}{V},N_4=\frac{V_4}{V} \tag{5-1}$$

其中,V 是四面体 1234 的体积,V_1、V_2、V_3、V_4 分别为四面体 $P234$,$P341$,$P412$,$P123$ 的体积。很显然,形函数满足条件:$N_1+N_2+N_3+N_4=1$。

令四面体的四个顶点坐标为 $(x1,y1,z1)$,$(x2,y2,z2)$,$(x3,y3,z3)$,$(x4,y4,z4)$,单元内任一 P 点的坐标为 (x,y,z),则 V、V_1、V_2、V_3、V_4 体积为

$$V=\frac{1}{6}\begin{vmatrix} 1 & 1 & 1 & 1 \\ x1 & x2 & x3 & x4 \\ y1 & y2 & y3 & y4 \\ z1 & z2 & z3 & z4 \end{vmatrix},$$

$$V_1 = \frac{1}{6} \begin{vmatrix} 1 & 1 & 1 & 1 \\ x & x2 & x3 & x4 \\ y & y2 & y3 & y4 \\ z & z2 & z3 & z4 \end{vmatrix}, \qquad V_2 = \frac{1}{6} \begin{vmatrix} 1 & 1 & 1 & 1 \\ x1 & x & x3 & x4 \\ y1 & y & y3 & y4 \\ z1 & z & z3 & z4 \end{vmatrix},$$

$$V_3 = \frac{1}{6} \begin{vmatrix} 1 & 1 & 1 & 1 \\ x1 & x2 & x & x4 \\ y1 & y2 & y & y4 \\ z1 & z2 & z & z4 \end{vmatrix}, \qquad V_4 = \frac{1}{6} \begin{vmatrix} 1 & 1 & 1 & 1 \\ x1 & x2 & x3 & x \\ y1 & y2 & y3 & y \\ z1 & z2 & z3 & z \end{vmatrix}。$$

令 $N_i = \dfrac{1}{6V}(a_i x + b_i y + c_i z + d_i)$ $i = 1, 2, 3, 4,$ 可得:

$$a_1 = - \begin{vmatrix} 1 & 1 & 1 \\ y2 & y3 & y4 \\ z2 & z3 & z4 \end{vmatrix}, \qquad b_1 = \begin{vmatrix} 1 & 1 & 1 \\ x2 & x3 & x4 \\ z2 & z3 & z4 \end{vmatrix},$$

$$c_1 = - \begin{vmatrix} 1 & 1 & 1 \\ x2 & x3 & x4 \\ y2 & y3 & y4 \end{vmatrix}, \qquad d_1 = \begin{vmatrix} x2 & x3 & x4 \\ y2 & y3 & y4 \\ z2 & z3 & z4 \end{vmatrix},$$

$$a_2 = \begin{vmatrix} 1 & 1 & 1 \\ y1 & y3 & y4 \\ z1 & z3 & z4 \end{vmatrix}, \qquad b_2 = - \begin{vmatrix} 1 & 1 & 1 \\ x1 & x3 & x4 \\ z1 & z3 & z4 \end{vmatrix},$$

$$c_2 = \begin{vmatrix} 1 & 1 & 1 \\ x1 & x3 & x4 \\ y1 & y3 & y4 \end{vmatrix}, \qquad d_2 = - \begin{vmatrix} x1 & x3 & x4 \\ y1 & y3 & y4 \\ z1 & z3 & z4 \end{vmatrix},$$

$$a_3 = - \begin{vmatrix} 1 & 1 & 1 \\ y1 & y2 & y4 \\ z1 & z2 & z4 \end{vmatrix}, \qquad b_3 = \begin{vmatrix} 1 & 1 & 1 \\ x1 & x2 & x4 \\ z1 & z2 & z4 \end{vmatrix},$$

$$c_3 = - \begin{vmatrix} 1 & 1 & 1 \\ x1 & x2 & x4 \\ y1 & y2 & y4 \end{vmatrix}, \qquad d_3 = \begin{vmatrix} x1 & x2 & x4 \\ y1 & y2 & y4 \\ z1 & z2 & z4 \end{vmatrix},$$

$$a_4 = \begin{vmatrix} 1 & 1 & 1 \\ y1 & y2 & y3 \\ z1 & z2 & z3 \end{vmatrix}, \qquad b_4 = -\begin{vmatrix} 1 & 1 & 1 \\ x1 & x2 & x3 \\ z1 & z2 & z3 \end{vmatrix},$$

$$c_4 = \begin{vmatrix} 1 & 1 & 1 \\ x1 & x2 & x3 \\ y1 & y2 & y3 \end{vmatrix}, \qquad d_4 = -\begin{vmatrix} x1 & x2 & x3 \\ y1 & y2 & y3 \\ z1 & z2 & z3 \end{vmatrix}。$$

基于插值基函数,单元中的场分量可以用单元各顶点的函数值来表示:

$$E_x^e = \sum_1^4 N_j^e E_{xj}^e, \quad E_y^e = \sum_1^4 N_j^e E_{yj}^e, \quad E_z^e = \sum_1^4 N_j^e E_{zj}^e \quad (5\text{-}2)$$

写成矩阵形式:

$$E_x = \mathbf{N}^{\mathrm{T}} \mathbf{E}_x^e, \quad E_y = \mathbf{N}^{\mathrm{T}} \mathbf{E}_y^e, \quad E_z = \mathbf{N}^{\mathrm{T}} \mathbf{E}_z^e \quad (5\text{-}3)$$

式中 $\mathbf{N}^{\mathrm{T}} = (N_1, \cdots, N_4)$, $\mathbf{E}_x^e = (E_{x1}, \cdots, E_{x4})^{\mathrm{T}}$, $\mathbf{E}_y^e = (E_{y1}, \cdots, E_{y4})^{\mathrm{T}}$, $\mathbf{E}_z^e = (E_{z1}, \cdots, E_{z4})^{\mathrm{T}}$。

电场 $\mathbf{E}$ 是矢量,写成分量形式:$\mathbf{E} = E_x \mathbf{e}_x + E_y \mathbf{e}_y + E_z \mathbf{e}_z$,将式(5-3)代入,有

$$\mathbf{E} = \mathbf{N}^{\mathrm{T}}(\mathbf{E}_x^e \mathbf{e}_x + \mathbf{E}_y^e \mathbf{e}_y + \mathbf{E}_z^e \mathbf{e}_z) \quad (5\text{-}4)$$

$$\delta \mathbf{E} = \mathbf{N}^{\mathrm{T}}(\delta \mathbf{E}_x^e \mathbf{e}_x + \delta \mathbf{E}_y^e \mathbf{e}_y + \delta \mathbf{E}_z^e \mathbf{e}_z) \quad (5\text{-}5)$$

二、单元积分

从第四章的讨论可知,采用节点有限元法对二次耦合势的有限元方程进行离散时,包含的单元积分包括:

$$(\nabla N_i, \nabla N_j)_e - \int_e \left(\frac{\partial N_i}{\partial x} \frac{\partial N_j}{\partial x} + \frac{\partial N_i}{\partial y} \frac{\partial N_j}{\partial y} + \frac{\partial N_i}{\partial z} \frac{\partial N_j}{\partial z} \right) \mathrm{d}x \, \mathrm{d}y \, \mathrm{d}z$$

$$(5\text{-}6)$$

$$(N_i, N_j)_e = \int_e (N_i N_j) \mathrm{d}x \, \mathrm{d}y \, \mathrm{d}z \quad (5\text{-}7)$$

$$(N_i, \nabla N_j)_e = \left[\left(N_i, \frac{\partial N_j}{\partial x}\right)_e, \left(N_i, \frac{\partial N_j}{\partial y}\right)_e, \left(N_i, \frac{\partial N_j}{\partial z}\right)_e \right]^{\mathrm{T}} \quad (5\text{-}8)$$

$$(\nabla N_i, N_j)_e^{\mathrm{T}} = \left[\left(\frac{\partial N_i}{\partial x}, N_j \right)_e, \left(\frac{\partial N_i}{\partial y}, N_j \right)_e, \left(\frac{\partial N_i}{\partial z}, N_j \right)_e \right] \quad (5\text{-}9)$$

将四面体单元的插值基函数代入上面的积分当中,可得

$$\boldsymbol{M}_1 = \int_e \frac{\partial N_i}{\partial x} \frac{\partial N_j}{\partial x} \mathrm{d}x\,\mathrm{d}y\,\mathrm{d}z = \frac{1}{36V} \begin{bmatrix} a_1^2 & & & sym. \\ a_1 a_2 & a_2^2 & & \\ a_1 a_3 & a_2 a_3 & a_3^2 & \\ a_1 a_4 & a_2 a_4 & a_3 a_4 & a_4^2 \end{bmatrix}$$

$$\boldsymbol{M}_2 = \int_e \frac{\partial N_i}{\partial y} \frac{\partial N_j}{\partial y} \mathrm{d}x\,\mathrm{d}y\,\mathrm{d}z = \frac{1}{36V} \begin{bmatrix} b_1^2 & & & sym. \\ b_1 b_2 & b_2^2 & & \\ b_1 b_3 & b_2 b_3 & b_3^2 & \\ b_1 b_4 & b_2 b_4 & b_3 b_4 & b_4^2 \end{bmatrix}$$

$$\boldsymbol{M}_3 = \int_e \frac{\partial N_i}{\partial z} \frac{\partial N_j}{\partial z} \mathrm{d}x\,\mathrm{d}y\,\mathrm{d}z = \frac{1}{36V} \begin{bmatrix} c_1^2 & & & sym. \\ c_1 c_2 & c_2^2 & & \\ c_1 c_3 & c_2 c_3 & c_3^2 & \\ c_1 c_4 & c_2 c_4 & c_3 c_4 & c_4^2 \end{bmatrix}$$

$$\boldsymbol{M}_4 = \int_e N_i N_j \mathrm{d}x\,\mathrm{d}y\,\mathrm{d}z = \frac{V}{20} \begin{bmatrix} 2 & & & sym. \\ 1 & 2 & & \\ 1 & 1 & 2 & \\ 1 & 1 & 1 & 2 \end{bmatrix}$$

$$\boldsymbol{M}_5 = \left(N_i, \frac{\partial N_j}{\partial x} \right)_e = \int_e N_i \frac{\partial N_j}{\partial x} \mathrm{d}x\,\mathrm{d}y\,\mathrm{d}z = \frac{1}{24} \begin{bmatrix} a_1 & a_2 & a_3 & a_4 \\ a_1 & a_2 & a_3 & a_4 \\ a_1 & a_2 & a_3 & a_4 \\ a_1 & a_2 & a_3 & a_4 \end{bmatrix}$$

$$\boldsymbol{M}_6 = (N_i, \frac{\partial N_j}{\partial y})_e = \int_e N_i \frac{\partial N_j}{\partial y} \mathrm{d}x\,\mathrm{d}y\,\mathrm{d}z = \frac{1}{24} \begin{bmatrix} b_1 & b_2 & b_3 & b_4 \\ b_1 & b_2 & b_3 & b_4 \\ b_1 & b_2 & b_3 & b_4 \\ b_1 & b_2 & b_3 & b_4 \end{bmatrix}$$

$$\boldsymbol{M}_7 = (N_i, \frac{\partial N_j}{\partial z})_e = \int_e N_i \frac{\partial N_j}{\partial z} \mathrm{d}x\,\mathrm{d}y\,\mathrm{d}z = \frac{1}{24} \begin{bmatrix} c_1 & c_2 & c_3 & c_4 \\ c_1 & c_2 & c_3 & c_4 \\ c_1 & c_2 & c_3 & c_4 \\ c_1 & c_2 & c_3 & c_4 \end{bmatrix}$$

计算单元积分后,对单元矩阵进行总体合成,得到如下形式的线性方程组:

$$\boldsymbol{K}\boldsymbol{u} = \boldsymbol{b} \tag{5-10}$$

假设剖分区域内节点数为 N,$\boldsymbol{K}$ 矩阵为由以下 4×4 的分块矩阵构成的 $4N \times 4N$ 的大型、稀疏、复对称系数矩阵:

$$\boldsymbol{K}^e_{ij} = \begin{bmatrix} (-(\boldsymbol{M}_1 + \boldsymbol{M}_2 + \boldsymbol{M}_3) + \mathrm{i}\omega\mu_0\sigma\boldsymbol{M}_4)\boldsymbol{I}_{33} & \mathrm{i}\omega\mu_0\sigma\,[\boldsymbol{M}_5, \boldsymbol{M}_6, \boldsymbol{M}_7]^{\mathrm{T}} \\ \mathrm{i}\omega\mu_0\sigma[\boldsymbol{M}_5^{\mathrm{T}}, \boldsymbol{M}_6^{\mathrm{T}}, \boldsymbol{M}_7^{\mathrm{T}}] & \mathrm{i}\omega\mu_0\sigma(\boldsymbol{M}_1 + \boldsymbol{M}_2 + \boldsymbol{M}_3) \end{bmatrix}$$
$$\tag{5-11}$$

式中,$\boldsymbol{I}_{33}$ 为 3×3 的单位矩阵。方程(5-10)的右端项可表示为由以下单元向量组成的大小为 4N 的向量:

$$\boldsymbol{b}^e_i = -\mu_0\sigma_a\Big\{\sum_k \boldsymbol{M}_4 E_{pxk}, \sum_k \boldsymbol{M}_4 E_{pyk}, \sum_k \boldsymbol{M}_4 E_{pzk}, \tag{5-12}$$
$$\sum_k [\boldsymbol{M}_5^{\mathrm{T}} E_{pxk} + \boldsymbol{M}_6^{\mathrm{T}} E_{pyk} + \boldsymbol{M}_7^{\mathrm{T}} E_{pzk}]\Big\}^{\mathrm{T}}$$

得到(5-10)线性方程组后,采用合适的边界条件,便可得到有限元方程解,本论著采用简易的 Dirichlet 边界条件。

第四节　求势的导数

采用有限元法对二次耦合势的有限元方程求解,得到的是关于电磁场的二次耦合势(A_s, φ_s),要进一步得到有物理意义的电磁场(E_s, H_s)各分量,需要借助有效的数值微分方法得到:

$$H_s = \frac{1}{\mu_0} \nabla \times A_s \tag{5-13}$$

$$E_s = i\omega(A_s + \nabla \varphi_s) \tag{5-14}$$

在结构化网格中,常规做法是在节点周围单元中分别计算场的导数,再通过面积加权平均或体积加权平均来获得节点上场的导数;或直接利用节点附近沿某一坐标轴方向若干点上的场值,通过等距差商的办法获取节点上场的偏微分值(徐世浙,1994)[91]。

对于完全非结构化网格上的二次势,利用传统方法得到导数的误差很大。这里利用移动最小二乘法求取二次势的导数,设单元中势的线性描述为

$$f_i = ax_i + by_i + cz_i + d \tag{5-15}$$

显然,上式中系数 a、b、c 即为所需的势沿各坐标轴的导数。利用点 (x_i, y_i, z_i) 附近若干个点的场值,形成若干个类似于(5-15)的方程,进而对这些方程做最小二乘拟合得到系数 a、b、c,即为 f 在 x、y、z 三个方向的导数。不同于传统的最小二乘拟合,这里对这些方程进行加权,离点 (x_i, y_i, z_i) 较近的点会被赋予更高的权重。本论著选取高斯函数作为加权函数,通过加权最小二乘拟合得到:

$$(a, b, c)^T = (X^T W X)^{-1} X^T W F \tag{5-16}$$

式中,

$$X = (x, y, z, I),$$
$$x = [x_1, x_2, \cdots, x_N]^T,$$

$$y = [y_1, y_2, \cdots, y_N]^\mathrm{T},$$
$$z = [z_1, z_2, \cdots, z_N]^\mathrm{T},$$

I 为与 x 维度相同且每个元素为 1 的矢量，$W = \mathrm{e}^{-\frac{d}{h}}$ 为所选取的高斯加权函数，d 为当前节点连接的所有点到该节点的距离，如图 5-6 所示，计算公式如下：

$$d = (x - x_i)^2 + (y - y_i)^2 + (z - z_i)^2 \qquad (5\text{-}17)$$
$$h = \max(\boldsymbol{d}) \qquad (5\text{-}18)$$

一旦得到二次势的导数，就可将结果代入式(5-13)和(5-14)求取得到二次电场和磁场。

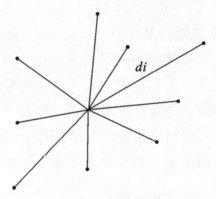

图 5-6　非结构网格节点示意图

第五节　模型实例

一、一维储层模型

采用图 5-7 所示的海洋可控源电磁一维储层模型对算法进行数值模拟精度验证。该模型分五层，在深度 2 000～2 400 m 范围存在 100 Ω·m 的高阻储层。分别采用两种装置计算：(1)broadside 装置，即电偶极子源沿 x 方向激发，且测线方向沿 y 方向，观测三个电磁场

E_x、H_y 和 H_z 分量;(2)inline 装置,即电偶极子源沿 y 方向激发,且测线方向沿 y 方向,观测三个电磁场 E_y、E_z 和 H_x 分量。场源位于海底上方 100 m,其坐标为($x_s=0$ m,$y_s=0$ m,$z_s=900$ m),发射频率为 0.1 Hz。在海底布设 51 个接收站,接收站间距 200 m,分布范围为 $-5\,000\sim5\,000$ m。背景模型采用空气、海水和沉积层三层模型。

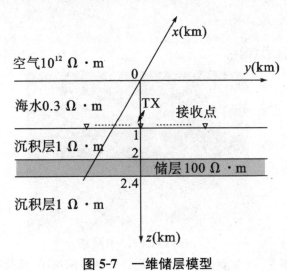

图 5-7　一维储层模型

图 5-8 为模型三种不同加密策略的测线附近非结构网格。图 5-8(a)为直接由 TetGen 产生的受约束 Delaunay 剖分网格(CDT);图5-8(b)为在测点附近单元施加体积约束后的局部测点加密网格(LNR);图 5-8(c)为同时施加局部测点加密和局部体积加密后的网格(LNR+LVR),由于对一维的薄层异常区域进行体积加密,在离源点较远的区域也会产生多余的节点,从而增加了计算负担,因此,本论著选择了对半径为 5 km 的圆柱区域进行体积加密。从图 5-8 可看出,通过 LNR+LVR 加密后,网格剖分在测点附近和离源点较近的异常区域均得到了加密,而在其他区域增加的节点和单元数很少。三种不同策略加密网格的节点和单元数比较见表 5-1,从表 5-1 可看出,LNR 网格与 CDT 网格相比,增加的节点和单元数较少,而 LNR+LVR 网格与前两者相比,增加的节点和单元数较多。

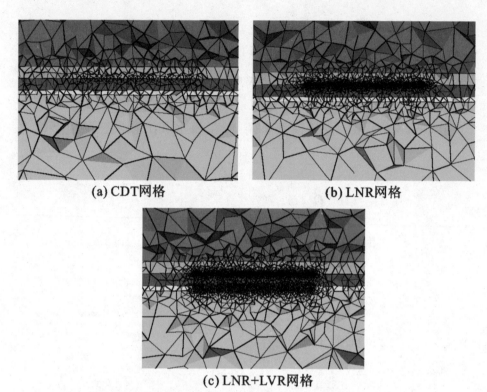

(a) CDT网格　　　　　　　(b) LNR网格

(c) LNR+LVR网格

图 5-8　一维储层模型测线附近非结构网格 yz 切片图

表 5-1　一维储层模型三种不同网格的节点和单元数比较

序号	网格	节点数	单元数
1	CDT	37 893	227 607
2	LNR	52 904	321 698
3	LNR+LVR	114 966	714 748

图 5-9 为 broadside 装置三种不同网格的二次场数值解与一维解析解比较,从图中可看出,LNR,LNR+LVR 网格与 CDT 网格相比,精度有不同程度的提高,CDT 网格的最大相对误差约为 25.0%,LNR 网格的最大相对误差约为 8.0%,LNR+LVR 网格网格的最大相对误差约为 2.0%。图 5-10 为 LNR+LVR 网格的电磁场总场分量与一维解析解比较,从图中可看出,电磁场分量三维数值解与一维解析

解吻合地很好,电磁场幅值的平均相对误差约 0.05%,最大相对误差约 0.8%,相位的平均误差约 0.1°,最大误差约 0.2°,表明该算法具有非常高的计算精度。

图 5-11 为 inline 装置三种不同网格的二次场数值解与一维解析解比较,与 broadside 装置相比,inline 装置的相对误差均较大,CDT 网格的最大相对误差约为 80.0%,LNR 网格的最大相对误差约为 60.0%,LNR＋LVR 网格的最大相对误差约为 20.0%。图 5-12 为 LNR＋LVR 网格的电磁场总场分量与一维解析解比较,从图中可看出,电磁场分量三维数值解与一维解析解吻合地较好,电磁场幅值的最大相对误差在 10.0% 以内,平均相对误差约 0.2%,相位的最大误差在 4° 以内,平均误差约 1°。相比于 broadside 装置,由于 inline 场的起伏较大,需要更细的网格才能达到同等的精度,因此,在同一网格下 inline 场的误差较大。

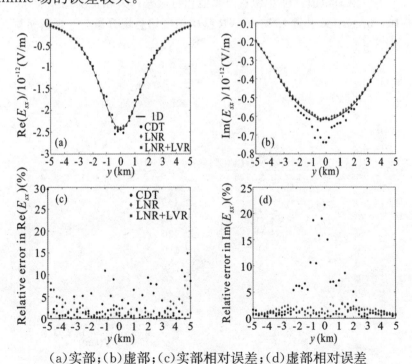

（a）实部；（b）虚部；（c）实部相对误差；（d）虚部相对误差

图 5-9　broadside 装置三种不同网格二次电场与一维解析解比较

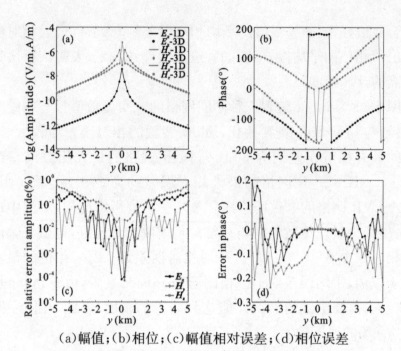

（a）幅值；（b）相位；（c）幅值相对误差；（d）相位误差

图 5-10　broadside 装置 LNR＋LVR 网格电磁场总场分量与一维解析解比较

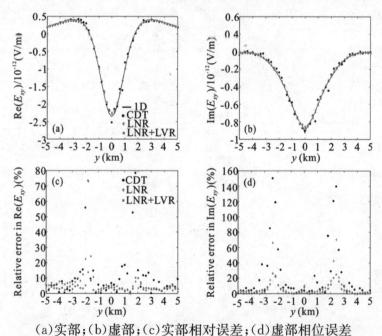

（a）实部；（b）虚部；（c）实部相对误差；（d）虚部相位误差

图 5-11　inline 装置三种不同网格二次电场与一维解析解比较

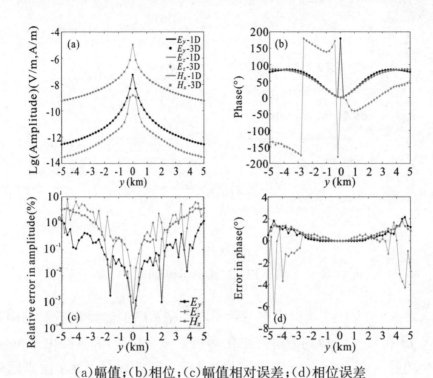

（a）幅值；（b）相位；（c）幅值相对误差；（d）相位误差

图 5-12　inline 装置 LNR＋LVR 网格电磁场总场分量与一维解析解比较

二、二维储层模型

设计的一个二维储层模型如图 5-13 所示，为了对该算法的计算结果进行精度验证，与 Li 和 Key[33] 的二维自适应有限元算法计算结果进行了比较。由图 5-13 可见，二维异常体为梯形，走向为 x 方向，上底 y 方向分布范围为 2～4 km，下底 y 方向分布范围为 1～5 km，二维异常体的厚度为 400 m，电阻率为 100 Ω·m。发射场源位于海底上方 50 m，发射源位置为（$x_s＝0$ km，$y_s＝-2$ km，$z_s＝0.95$ km），发射频率为 0.1 Hz，分别采用 broadside 和 inline 两种装置计算。测线沿 y 方向，接收测站分布于海底 $y＝-1.8～8$ km 之间，间距为 200 m，共 50 个接收测站。

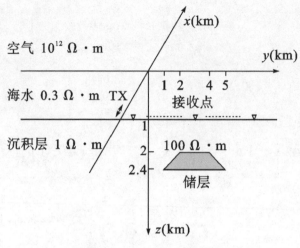

图 5-13　二维储层模型

图 5-14 为二维储层模型三种不同加密策略的测线附近非结构网格及 Li 和 Key[33] 得到的最终细化网格。图 5-14(a) 为直接由 TetGen 产生的受约束 Delaunay 剖分网格(CDT);图 5-14(b) 为在测点附近施加体积约束后的局部测点加密网格(LNR);图 5-14(c) 为同时施加局部测点加密和局部体积加密后的网格(LNR+LVR),图 5-14(d) 为二维自适应有限元算法的最终细化网格。从图 5-14 可看出,LNR 网格在测线附近得到了加密,LNR+LVR 网格在测线附近和异常区域均得到了加密,而在其他区域增加的节点和单元数很少。三种不同策略加密网格的节点和单元数比较见表 5-2,从表 5-2 可看出,LNR 网格与 CDT 网格相比,增加的节点和单元数较少,而 LNR+LVR 网格与前两者相比,增加的节点和单元数较多。

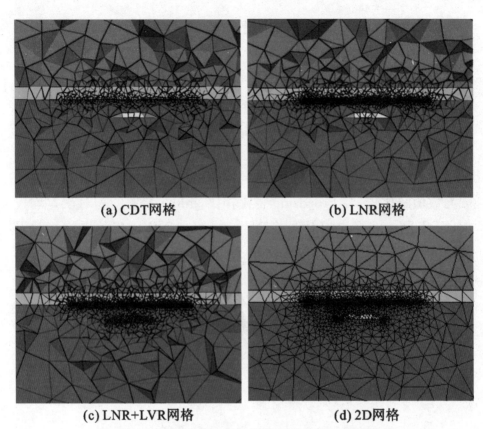

(a) CDT网格　　　　　　　　　　　(b) LNR网格

(c) LNR+LVR网格　　　　　　　　(d) 2D网格

图 5-14　二维储层模型非结构网格剖分 yz 切片图
及二维自适应有限元算法得到的最终细化网格

表 5-2　二维储层模型三种不同网格的节点和单元数比较

序号	网格	节点数	单元数
1	CDT	10 579	62 023
2	LNR	23 321	142 149
3	LNR+LVR	104 394	660 735

　　图 5-15 为 broadside 装置三种不同网格的二次电场数值解与二维有限元数值解比较,从图中可看出,随着网格的加密,该算法数值解精度有不同程度的提高,LNR 与 CDT 网格相比,精度提高不大,而 LNR+LVR 网格的数值解精度有明显的提高。CDT 网格的平均相

对误差约为 20.0％，LNR 网格的平均相对误差约为 18.0％，而 LNR＋LVR 网格的最大相对误差约为 4.0％。图 5-16 为 LNR＋LVR 网格的电磁场总场分量与二维有限元数值解的比较，从图中可看出，电磁场分量三维数值解与二维数值解吻合很好，电磁场幅值的最大相对误差在 1％以内，平均相对误差约 0.1％，相位的最大误差不超过 0.6°，平均误差约 0.2°。

图 5-17 为 inline 装置三种不同网格的二次电场数值解与二维有限元数值解比较，与 broadside 装置相比，inline 装置的相对误差均较大，CDT 网格的平均相对误差约为 40.0％，LNR 网格的平均相对误差约为 30.0％，LNR＋LVR 网格的平均相对误差约为 10.0％。图 5-18 为 LNR＋LVR 网格的电磁场总场分量与二维有限元数值解比较，从图中可看出，电磁场分量三维数值解与二维数值解吻合较好，电磁场幅值的最大相对误差在 10％以内，平均相对误差约为 0.5％，相位的最大误差在 6°以内，平均误差约 1.5°。

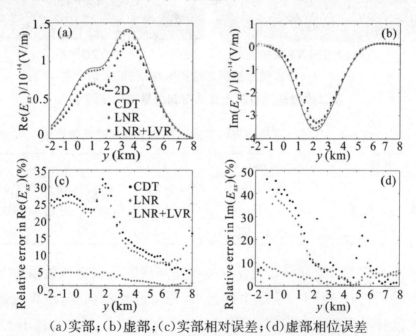

（a）实部；（b）虚部；（c）实部相对误差；（d）虚部相位误差

图 5-15　broadside 装置三种不同网格二次电场与二维数值解比较

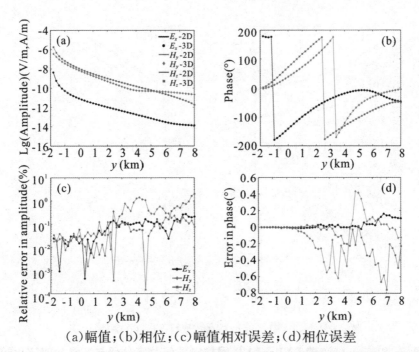

（a）幅值；（b）相位；（c）幅值相对误差；（d）相位误差

图 5-16　broadside 装置 LNR＋LVR 网格电磁场总场分量与二维数值解比较

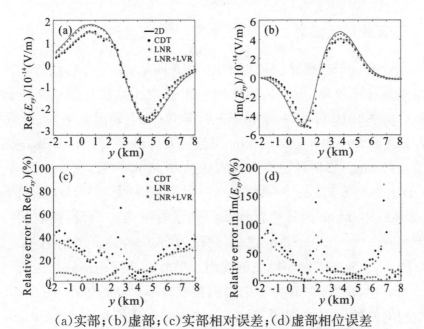

（a）实部；（b）虚部；（c）实部相对误差；（d）虚部相位误差

图 5-17　inline 装置三种不同网格二次电场与二维数值解比较

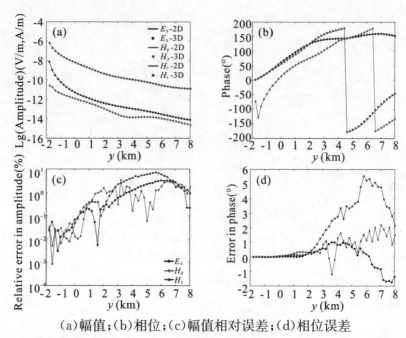

（a）幅值；（b）相位；（c）幅值相对误差；（d）相位误差

图 5-18　inline 装置 LNR＋LVR 网格电磁场总场分量与二维数值解比较

三、三维储层模型

设计的一个三维储层模型如图 5-19 所示，为了分析该算法的计算结果及计算效率，与结构网格的三维有限元算法计算结果进行了比较。由图 5-19 可见，一个梯形三维异常体，上底面大小为 2 km×2 km，下底面大小为 4 km×4 km，三维异常体的厚度为 600 m，电阻率为 100 Ω·m。发射场源位于离海底上方 50 m 位置，其坐标为（x_s＝0 km，y_s＝－2 km，z_s＝0.95 km），发射频率为 0.1 Hz，分别采用 broadside 和 inline 两种装置计算。测线沿 y 方向布设，接收测站分布于海底 y＝－1.8～8 km 之间，间距为 200 m，共 50 个接收测站。

图 5-20 为三维储层模型测线附近的非结构网格剖分与结构网格剖分的对比，图 5-20（a）为非结构网格在 x＝0 处的切片，图 5-20（b）为结构网格的 x 方向视图，图 5-20（c）为非结构网格在 z＝2.6 km 处的切片，图 5-20（d）为结构网格的 z 方向视图，两种网格的的节点和

单元数对比见表 5-3，从表 5-3 可知，非结构网格的节点数远小于结构网格的节点数，而非结构网格的单元数较大。

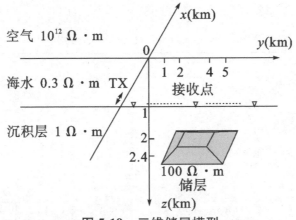

图 5-19　三维储层模型

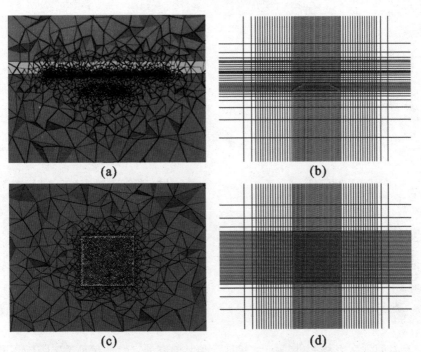

（a）非结构网格在 $x=0$ 处的 yz 切片图，（b）结构网格的 yz 切片图，
（c）非结构网格在 $z=2.6$ km 处的 xy 切片图，（d）结构网格的 xy 切片图

图 5-20　三维储层模型网格剖分

表 5-3   三维储层模型非结构网格与结构网格的节点和单元数比较

网格	节点	单元	占用内存(GB)	消耗时间(min)
非结构网格	32 592	200 668	0.201	1.27
结构网格	153 965	144 976	0.602	9.78

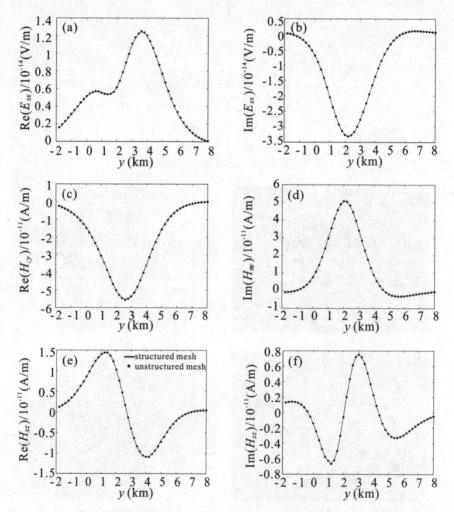

（a）x 方向二次电场实部，（b）x 方向二次电场虚部，（c）y 方向二次磁场实部，
（d）y 方向二次磁场虚部，（e）z 方向二次磁场实部，（f）z 方向二次磁场虚部

图 5-21   broadside 装置结构网格与非结构网格的计算结果比较

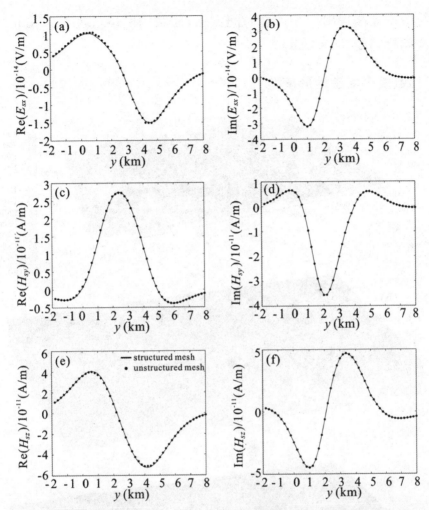

（a）y 方向二次电场实部,（b）y 方向二次电场虚部,（c）z 方向二次电场实部,
（d）z 方向二次电场虚部,（e）x 方向二次磁场实部,（f）x 方向二次磁场虚部

图 5-22　inline 装置结构网格与非结构网格的计算结果比较

　　图 5-21 和图 5-22 分别为 broadside 装置和 inline 装置的结构网格与非结构网格的有限元计算结果的比较,从图 5-21 和图 5-22 可知,两种模式情况下两种网格的计算结果吻合很好,表明该算法精度可靠。由于非结构网格的节点数远小于单元数,约 1/6,而结构网格的节点数与单元数相当,因此在单元数相当的情况下,非结构网格的

计算效率要高得多。在计算时间方面,非结构网格仅为 1.27 min,而结构网格需要 9.78 min。

四、复杂海底地形模型

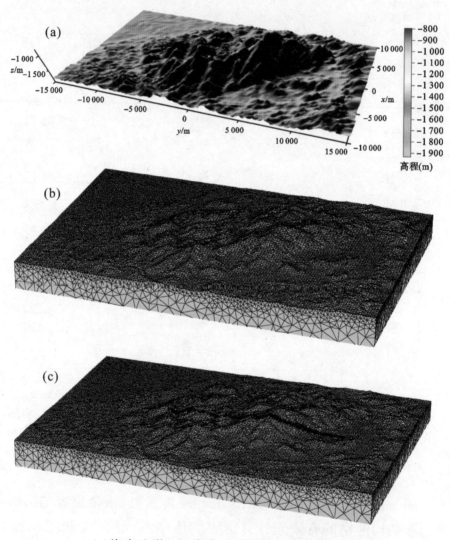

(a)海底地形,(b)海底地形非结构网格剖分,
(c)测线位置及局部加密后的非结构网格剖分

图 5-23　复杂海底地形及其非结构网格剖分

　　为了分析该算法的实用性和灵活性,利用该算法对一复杂海底地形进行了数值模拟,海底地形如图 5-23(a)所示,海水深度在 793～1 933 m 之间变化,设海水的电阻率为 0.3 Ω·m,海底的电阻率为1 Ω·m。海底地形的非结构化网格剖分如图 5-23(b)所示,在海底沿 x 方向布置一条 15 km 长的剖面,从 −5 km 到 10 km 变化,发射源位置位于(0 m,−1 000 m,1 600 m)。为了提高数值模拟的精度,对海底地形进行 LNR＋LVR 加密处理,测线位置及加密后的非结构网格如图 5-23(c)所示。图 5-24 为海底地形沿测线剖面的非结构网格 yz 切片图,图 5-24(a)为局部加密前网格,图 5-24(b)为局部加密后网格,从图中可看出,非结构化网格在测线附近单元得到了明显加密,而在其他区域网格插入的节点很少。

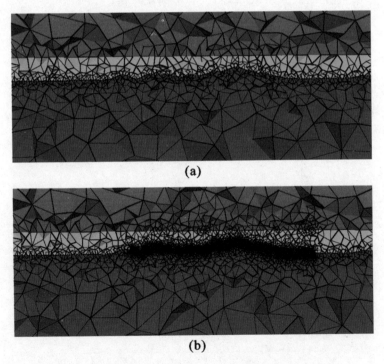

(a)局部加密前网格,(b)局部加密后网格

图 5-24　海底地形沿测线剖面非结构网格 yz 切片图

　　为了分析海底地形对电磁场的影响,将正演计算结果与水平海底地形的背景场作了比较,图 5-25 为 broadside 装置正演计算结果与水平海底地形的背景场的比较,图 5-26 为 inline 装置正演计算结果与水平海底地形的背景场的比较,从图 5-25 和图 5-26 可看出,海底地形会对海底电磁场响应产生较大的影响,相比 broadside 装置,inline装置的电磁场响应起伏较大,海底地形的影响更大,总之,海底地形影响是海洋可控源电磁场反演解释时有必要考虑的一个因素。

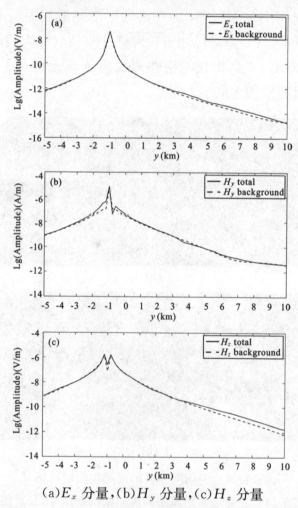

(a)E_x 分量,(b)H_y 分量,(c)H_z 分量

图 5-25　broadside 装置海底电磁总场分量与水平海底背景场总场分量的比较

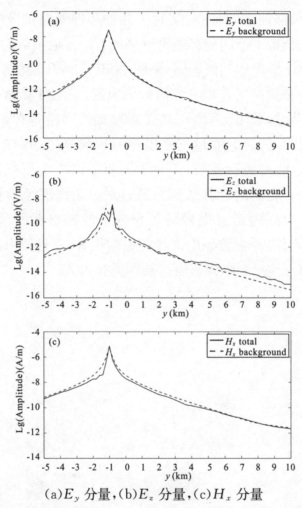

(a)E_y 分量,(b)E_z 分量,(c)H_x 分量

图 5-26　inline 装置海底电磁总场分量与水平海底背景场总场分量的比较

第六节　本章小结

　　本章实现了基于局部加密非结构网格的海洋可控源电磁三维有限元正演,推导了基于非结构四面体网格的有限元方程,然后采用移动最小二乘的方法计算势的导数,将电磁势转化为电磁场,针对非结

构网格具有局部加密的特点,实现了几种不同策略的非结构网格局部加密,对比分析了不同局部加密网格的有限元数值解的精度。

一、二维正演模型实例表明,采用 LNR＋LVR 网格有比 CDT 网格和 LNR 网格更高的有限元数值解的精度,说明计算精度要求较高或模型较复杂时,采用 LNR＋LVR 局部加密网格是有必要的,但是计算代价也相对较高。通过三维模型的正演模拟,并与三维结构网格有限元算法的解进行比较,进一步表明了该算法具有较高的计算精度,而且具有更高的计算效率。通过对复杂海底地形模型的正演模拟,分析了海底地形对电磁场各个分量的影响特征,模拟结果显示,海底地形对海洋可控源电磁场的影响很大,在进行海洋可控源电磁资料解释时,地形影响因素有必要考虑在内。

第六章　海洋可控源电磁法三维自适应非结构有限元正演

上一章,我们研究了基于非结构网格的海洋可控源电磁三维有限元正演,尽管非结构网格能够精确模拟起伏海底地形和倾斜界面等复杂构造情况,有效提高海底复杂构造数值模拟的精度,但其网格加密仍然依赖使用者对模型及场分布的先验信息,具有一定的不确定性。为了进一步提高对起伏海底地形和倾斜界面等复杂地质构造数值模拟的精确性和灵活性,本章进一步研究了自适应非结构网格的海洋可控源电磁三维有限元正演算法。

本章首先分析了自适应有限元算法策略,然后推导了自适应有限元算法中的梯度恢复型后验误差估计计算公式,采用后验误差估计指导网格自动细化,实现了自适应非结构网格的海洋可控源电磁三维有限元正演算法,最后以几个典型地电模型为例,分析了自适应有限元算法的精确性和实用性。

第一节　自适应有限元法概述

数值模拟结果的精度在很大程度上取决于模型的网格离散化效果,合理可靠的网格离散化设计是获得高精度数值模拟结果的保证。对于简单的地电模型,凭研究者的经验可以获得较优化的离散网格,而对于复杂模型,仅凭研究者的经验难以获得优化的网格。

自适应有限元法最早由美国数学家 Babuska(1978)[109] 提出。早期,自适应有限元方法主要用于解决一些比较简单的数学模型问题,后来它逐渐被用于解决比较复杂和困难的工程问题。自适应有限元法利用上一次网格的计算结果自动计算出下一次所需的网格,获取最佳的网格离散方式,从而逐步降低有限元数值解的误差以达到所需要的精度。该方法具有较高的识别能力和选择最优参数的能力,能够在不显著增加计算时间的条件下得到可靠的数值结果。自适应有限元法在最近几十年里取得了很快发展,由于它能够自动判断在有限元解误差较大处加密网格,提高有限元解的精度,并且通过后验误差估计可以告诉用户计算结果的误差范围,因此它得到了广泛的应用。

有限元法的数学理论研究表明,对于适当构造的单元,当有限元的网格无限加密时,有限元解能够收敛到精确解[133]。但对于一个特定的网格,在准确解未知的情况下,人们无法对这一网格下得到的有限元解的精度作出准确且实用的估计。最近几十年,自适应有限元方法的研究在这一方面取得了重要进展。自适应有限元方法以传统有限元方法为基础,以后验误差估计和网格白适应细化技术为核心,通过后验误差估计,自动调整网格以改进求解精度。后验误差估计是在求得当前网格的有限元解之后,利用已知量来估算误差。由于这种误差估算方法是根据上一次网格计算结果的误差来指导下一次的网格离散,并不同于讨论稳定性、收敛性的先验误差估计方法,因此它被称为后验误差估计(A Posteriori Error Estimates)[133]。在最近十几年中,对此类方法的研究已成为有限元法研究领域的热点之一。

目前,自适应有限元方法主要包括三种自适应策略。第一种是保持单元的形函数的阶数(p)不变,根据单元误差估计自动调整单元大小及形状(h),称为 h 型自适应[109,110,134];第二种是保持网格的大小和形状(h)不变,根据单元误差估计自动调整单元的形函数阶数(p),称为 p 型自适应[135,136];第三种是根据单元误差估计自动调整单元形状大小和单元形函数阶数,称为 hp 型自适应[137,138]。本论著采用比

较容易实现且计算效率较高的 h 型自适应有限元法。h 型自适应算
法流程见图 6-1。

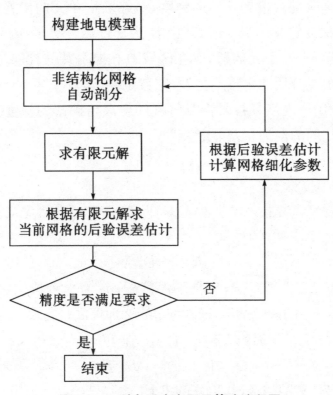

图 6-1　h 型自适应有限元算法流程图

第二节　后验误差估计及网格细化

　　后验误差估计在自适应有限元算法中具有举足轻重的作用。目
前存在多种后验误差估计方法,主要有残差型后验误差估计[109]与梯
度恢复型后验误差估计[110]。前者因为在计算每个单元的误差时,需
要求解一种单独的残差微分方程,计算消耗较大。相对前者,后者显
得相对简单与高效,广泛应用于计算流体力学、结构力学等领域。下

面主要介绍梯度恢复型后验误差估计。

基于梯度恢复技术的后验误差估计方法应用广泛,它利用梯度恢复技术来改进数值解梯度的精度,最终获取单元的误差估计。把恢复后的梯度定义为 $R \nabla u_h$,其中 R 为梯度恢复算子,u_h 为有限元数值解,其要求有限元的解 u_h 在区域 Ω 内是分块线性的,这样有限元解的梯度是分块的常数。在 L_2 范数条件下,对于某一个有限元网格单元,利用梯度恢复技术恢复得到的全局精确解的梯度与有限元解的梯度之间的局部误差可定义为

$$\eta_e = ||(R-I)\nabla u_h||_{L_2(e)} \tag{6-1}$$

式中,I 是单位算子。

基于梯度恢复技术的方法有多种,Bank 和 Xu[114] 定义了一种新的超收敛梯度恢复算子:

$$R = S^m Q_h \tag{6-2}$$

式中,Q_h 是 L_2 投影算子,S 是平滑算子,m 为平滑迭代次数,根据 Bank 和 Xu[114] 的测试结果,通常取 $m=2$ 即可满足要求。

$Q_h \nabla u_h$ 满足下面的方程[114]:

$$(Q_h \nabla u_h, \delta v) = (\nabla u_h, \delta v) \tag{6-3}$$

式中,δv 是任意的变量,其积分形式为,

$$\int_\Omega Q_h \nabla u_h \delta v \mathrm{d}\Omega = \int_\Omega \nabla u_h \delta v \mathrm{d}\Omega \tag{6-4}$$

利用有限元方法离散后,可得,

$$\sum_{e=1}^{ne} \int_e Q_h \nabla u_h \delta v \mathrm{d}\Omega = \sum_{e=1}^{ne} \int_e \nabla u_h \delta v \mathrm{d}\Omega \tag{6-5}$$

左边项的积分可写为

$$\int_e Q_h \nabla u_h \delta v \mathrm{d}\Omega = (\delta v)^T \boldsymbol{K}'_{1e}(\boldsymbol{Q_h \nabla u_h}) \tag{6-6}$$

右边积分写为

$$\int_e \nabla u_h \delta v \mathrm{d}\Omega = (\delta v)^T \boldsymbol{P}'_e \tag{6-7}$$

式中，

$$\boldsymbol{K'}_{1e}=\frac{\Delta}{20}\begin{bmatrix}2 & & & sym.\\ 1 & 2 & & \\ 1 & 1 & 2 & \\ 1 & 1 & 1 & 2\end{bmatrix}, \quad \boldsymbol{P'}_e=\frac{\nabla u_h\Delta}{4}\begin{bmatrix}1\\1\\1\\1\end{bmatrix} \tag{6-8}$$

Δ 为四面体的体积。由于 δv 的任意性，式(6-7)可转化为方程：

$$\boldsymbol{K'}_1(\boldsymbol{Q_h}\ \nabla \boldsymbol{u_h})=\boldsymbol{P'} \tag{6-9}$$

式中，$\boldsymbol{K'}_1=\sum_{i=1}^{Ne}\boldsymbol{K'}_{1i}$，$\boldsymbol{P'}=\sum_{i=1}^{Ne}\boldsymbol{P'}_i$，$Ne$ 为区域 Ω 中单元的个数。

对于平滑因子 S^m，每次平滑的操作需满足

$$\nabla^2(\boldsymbol{Q_h}\ \nabla u_h)=0 \tag{6-10}$$

采用加权余量法，结合有限元方法离散，有，

$$\int_{\Omega}\nabla(\boldsymbol{Q_h}\ \nabla u_h)\cdot\nabla\delta v\mathrm{d}\Omega=\sum_{e=1}^{N_e}\int_e\nabla(\boldsymbol{Q_h}\ \nabla u_h)\cdot\nabla\delta v\mathrm{d}\Omega=0 \tag{6-11}$$

左边的单元积分可表示为

$$\int_e\nabla(\boldsymbol{Q_h}\ \nabla u_h)\cdot\nabla\delta v\mathrm{d}\Omega=(\delta v)^{\mathrm{T}}\boldsymbol{K'}_{2e}(\boldsymbol{Q_h}\ \nabla u_h) \tag{6-12}$$

式中，

$$\boldsymbol{K'}_{2e}=\frac{1}{4\Delta}\begin{bmatrix}a_1^2+b_1^2+c_1^2 & & & sym.\\ a_1a_2+b_1b_2+c_1c_2 & a_2^2+b_2^2+c_2^2 & & \\ a_1a_3+b_1b_3+c_1c_3 & a_2a_3+b_2b_3+b_2b_3 & a_3^2+b_3^2+c_3^2 & \\ a_1a_4+b_1b_4+c_1c_4 & a_2a_4+b_2b_4+b_2b_4 & a_3a_4+b_3b_4+b_3b_4 & a_4^2+b_4^2+c_4^2\end{bmatrix} \tag{6-13}$$

因此，平滑操作可表示为方程组：

$$\boldsymbol{K'}_{2e}(\boldsymbol{Q_h}\ \nabla \boldsymbol{u_h})=0 \tag{6-14}$$

Key[83]证明了当有限元网格单元越来越小时，基于梯度恢复技术得到的梯度与有限元解的梯度之间的后验误差越来越小，式(6-1)表示的后验误差可写为

$$\eta_e = ||(S^m Q_h - I)\nabla u_h||_{L_2(e)} \tag{6-15}$$

对于节点有限元法，矢量势三个分量和标量势分量所有方向的梯度，都可以得到其单元误差估计值，我们取其中的最大值作为该单元 e 内的误差估计值：

$$\eta_e = \max(\eta_{ei}), i = 0, 1, \cdots, 11 \tag{6-16}$$

然后对每个单元的误差估计进行排序，得到如下形式：

$$\eta_1 \geqslant \eta_2 \geqslant \cdots \geqslant \eta_{Ne} \tag{6-17}$$

然后再对 $\eta_i, (i \leqslant a \cdot Ne)$ 的单元进行细化，a 为可控参数，本论著取 $a = 0.05$。然后以相邻两次网格的所有测点的有限元解相对差分作为误差标准，例如，第 i 次细化网格的二次电场的相对差分 δE_x^s 可表示为

$$\delta E_{x,i}^s = \frac{|E_{x,i}^s - E_{x,i-1}^s|}{|E_{x,i}^s|} \tag{6-18}$$

重复以上步骤，直到相对差分满足给定的要求，本论著给定的条件为最大相对差分不超过 1%。

第三节　模型实例

一、一维储层模型

采用图 6-2 所示的海洋可控源一维储层模型对算法进行数值模拟精度验证。该模型共分五层，海水深度 1 000 m，在深度 2 000～2 400 m 范围存在 100 Ω·m 高阻油气储层。场源沿 x 方向激发，场源位置位于海底上方 100 m，其坐标为 $(x_s = 0 \text{ m}, y_s = 0 \text{ m}, z_s = 900 \text{ m})$，发射频率为 0.1 Hz。在海底布设 51 个接收站，接收站间距 200 m，测线沿 y 方向，分布范围为 -5～5 km。采用空气、海水和沉积层作为背景模型。

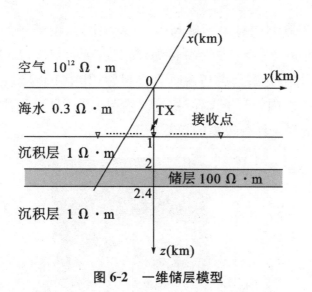

图 6-2　一维储层模型

表 6-1　一维储层模型网格自适应细化参数

网格序号	单元数	平均相对误差（%）	最大相对误差（%）
1	246 492		
2	349 065	1.6	4.7
3	445 696	0.6	1.6
4	578 840	0.4	0.7

　　表 6-1 为模型的网格自适应细化参数，初始网格单元数为 246 492，最终细化网格单元数为 578 840。从表 6-1 可看出，随着网格的细化，有限元解的平均相对误差和最大相对误差均得到了减小，网格细化 3 次后，平均相对误差从细化 1 次后的 1.6% 降到了 0.4%，最大相对误差从细化 1 次后的 4.7% 降到了 0.7%。表明随着网格的细化，有限元解能逐渐收敛到精确解附近。

　　图 6-3 和图 6-4 分别为模型的初始网格、第 1 次细化后网格及最终细化网格的 yz 切片图和 xy 切片图。从图 6-3 和图 6-4 可看出，在场源附近的异常区域，网格得到了明显加密，而在其他位置网格的加密甚少。

　　图 6-5 为模型的有限元解与解析解的比较,由于场的对称性,在 $x=0$ 的剖面上,E_y、E_z、H_x 分量为零,只有 E_x、H_y、H_z 分量。从图 6-5 可看出,有限元解与解析解吻合得很好,其中 E_x 与 H_z 幅值的相对误差在 1‰以内,H_y 的幅值相对误差在 10‰以内,相位误差在1.5° 以内,表明该算法具有较高的计算精度。

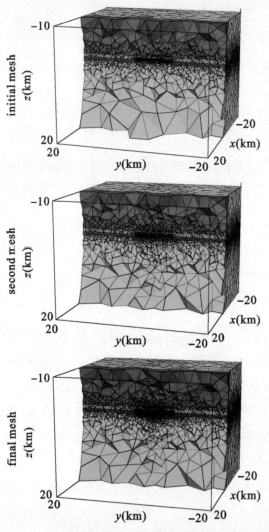

图 6-3　一维储层模型初始网格、第一次细化网格
及最终细化网格在中心剖面的 yz 切片图

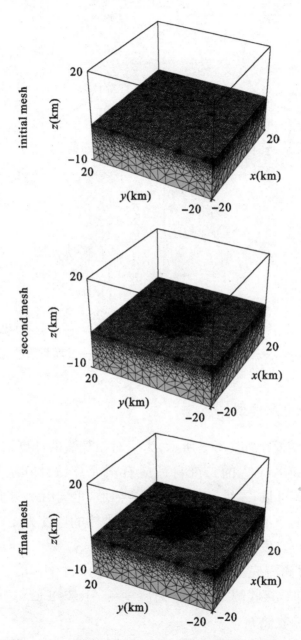

图 6-4　一维储层模型初始网格、第一次细化网格
及最终细化网格在 $z=2.4$ km 处的 xy 切片图

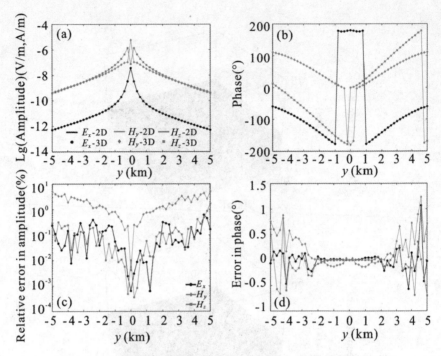

图 6-5　一维储层模型三维有限元解与一维解析解的比较

二、二维储层模型

二维储层模型如图 6-6 所示,为了对该算法的计算结果进行精度验证,与 Li 和 Key[33] 的二维自适应有限元算法计算结果进行了比较。由图 6-6 可见,二维异常体截面为梯形,走向沿 x 方向,梯形上底长度为 2 km,下底长度为 4 km,二维异常体的厚度为 400 m,电阻率为 100 Ω·m。发射源位置为($x_s = 0$ km,$y_s = -2$ km,$z_s = 0.95$ km),发射源离海底上方 50 m,发射频率为 0.1 Hz,沿 x 方向激发。测线沿 y 方向,接收测站分布于海底 $y = -1.8 \sim 8$ km 之间,间距 200 m,共 50 个接收测站。

表 6-2 为模型的网格自适应细化参数,初始网格单元数为 62 023,最终细化网格单元数为 571 397。从表 6-2 可看出,随着网格的细化,有限元解的平均相对误差和最大相对误差均得到了减小,尤

其是前面几次细化,相对误差减小得更明细,网格细化 6 次后,平均相对误差从 11.7% 降到了 0.5%,最大相对误差从 22.3% 降到了 1%。表明随着网格的细化,有限元解能逐渐收敛到精确解附近。

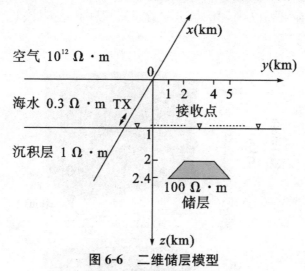

图 6-6 二维储层模型

表 6-2 二维储层模型网格自适应细化参数

网格序号	单元数	平均相对误差(%)	最大相对误差(%)
1	62 023		
2	87 247	11.7	22.3
3	119 090	4.5	8.5
4	171 700	2.3	4.1
5	255 556	1.2	1.9
6	383 764	0.8	1.6
7	571 397	0.5	1.0

图 6-7 和图 6-8 分别为模型的初始网格、第 1 次细化后网格及最终细化网格的 yz 切片图和 xy 切片图。从图 6-7 和图 6-8 可看出,在场源附近的异常区域,网格得到了明显加密,而在其他位置网格的加密甚少。

图 6-9 为模型的三维自适应有限元解与二维自适应有限元解的

比较,由于场的对称性,在 $x=0$ 的剖面上,E_y、E_z、H_x 分量为零,只有 E_x、H_y、H_z 分量。从图 6-9 可看出,三维有限元解与二维有限元解吻合得很好,其中 E_x 与 H_z 幅值的相对误差在 1‰ 以内,H_y 的幅值相对误差在 3‰ 以内,相位误差在 1.5° 以内,表明该算法具有较高的计算精度。

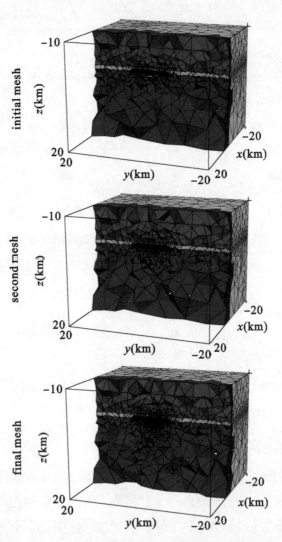

图 6-7 二维储层模型初始网格、第一次细化网格
及最终细化网格在中心剖面的 yz 切片图

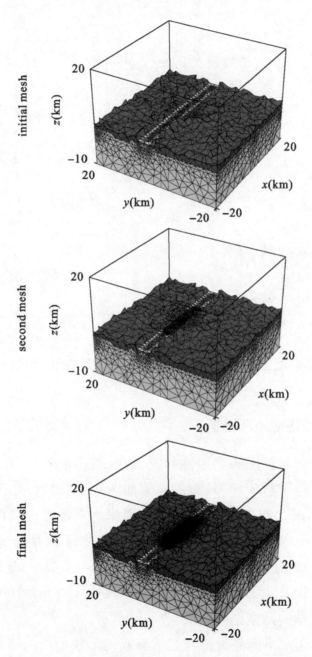

图 6-8　二维储层模型初始网格、第一次细化网格
及最终细化网格在 $z = 2.4$ km 处的 xy 切片图

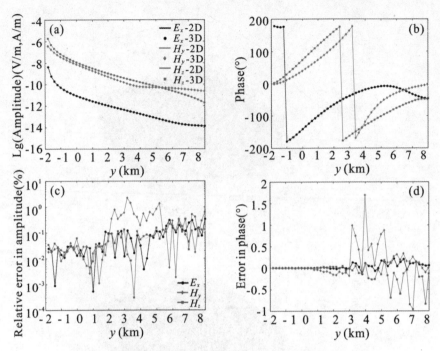

图 6-9　二维储层模型三维有限元解与二维有限元解的比较

三、复杂海底地形模型

　　为了分析该算法的实用性和灵活性,利用该算法对一复杂起伏海底地形进行了数值模拟,海底地形如图 6-10(a)所示,海水深度在 793～1 920 m 之间变化,设海水的电阻率为 0.3 Ω·m,海底的电阻率为 1 Ω·m。发射源 TX 沿 x 方向激发,水平位置位于($x=0$ m, $y=0$ m)处,离海底高度 100 m,发射频率为 0.1 Hz。海底水平范围为 10 km×10 km,海底地形数据采样密度为 100 m×100 m,起伏海底地形的非结构网格剖分如图 6-10(b)所示。

　　表 6-3 为水平海底地形与起伏海底地形模型的网格自适应细化参数。从表 6-3 可看出,两种模型经 6 次网格细化后,有限元解的平均相对误差和最大相对误差均得到了明显减小,水平地形模型的平

均相对误差从 14.8% 降到了 0.3%,最大相对误差从 33.1% 降到了 1.0%,起伏地形模型的平均相对误差从 16.8% 降到了 0.2%,最大相对误差从 33.2% 降到了 0.8%。表明随着网格的细化,有限元解能逐渐收敛到精确解附近。

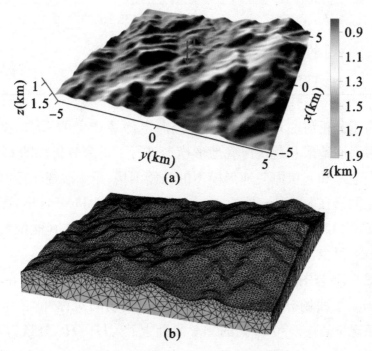

图 6-10　复杂海底地形(a)及其非结构网格剖分(b)

表 6-3　水平及起伏海底地形模型网格自适应细化参数

网格序号	水平海底地形			起伏海底地形		
	单元数	平均相对误差(%)	最大相对误差(%)	单元数	平均相对误差(%)	最大相对误差(%)
1	187 999			199 467		
2	219 331	14.8	33.1	234 604	16.8	33.2
3	251 251	6.1	11.1	267 957	12.0	27.4
4	290 424	3.3	7.4	307 653	5.7	13.5

（续表）

网格序号	水平海底地形			起伏海底地形		
	单元数	平均相对误差（%）	最大相对误差（%）	单元数	平均相对误差（%）	最大相对误差（%）
5	337 528	2.5	9.2	355 892	2.9	8.7
6	395 463	0.5	2.0	410 686	0.7	2.5
7	471 130	0.3	1.0	475 890	0.2	0.8

为了分析海底地形对海洋可控源电磁场产生的影响，我们分别对水平海底地形和起伏海底地形模型进行了正演分析。图 6-11 为水平海底地形和起伏海底地形模型的初始网格、第 1 次细化后网格及最终细化网格在 $y=0$ m 处的 xz 切片图。从图 6-11 可看出，在场源附近的场值梯度较大区域，网格得到了明显加密，而在其他位置网格插入的节点很少。

图 6-12 与图 6 13 分别为水平海底地形与起伏海底地形在 $y=0$ m 处的 xoz 平面场分量幅值及相位图。根据场的对称性，在水平海底地形情况下，在 $y=0$ m 处的 xoz 平面上 E_y、H_x、H_z 分量为零，因此只有 E_x、H_y、E_z 分量。从图 6-12 与图 6-13 可看出，当水平海底时，场分为对称的四个扇形区域，其中 E_x、H_y 分量在与海底 45° 的夹角方向接近为零，E_z 分量在垂直电偶源的中垂线上接近为零。当海底地形起伏时，场的大小及对称性会发生明显的变化。

图 6-14 与图 6-15 分别为水平海底地形与起伏海底地形在 $x=0$ m 处的 yoz 平面场分量幅值及相位图。根据场的对称性，在水平海底地形情况下，在 $x=0$ m 处的 yoz 平面上 E_y、H_x、E_z 分量为零，因此只有 E_x、H_y、H_z 分量。从图 6-14 与图 6-15 可看出，当水平海底时，E_x、H_y 分量以海底为界分成上下两个扇形区域，其中场值在海水中衰减较快，H_z 分量在 $y=0$ 的垂线上接近为零。当海底地形起伏时，

场的大小和对称性也会发生明显的变化。与 xoz 平面（共面装置）场
的分量相比，yoz 平面（赤道装置）场的幅值比较平缓。

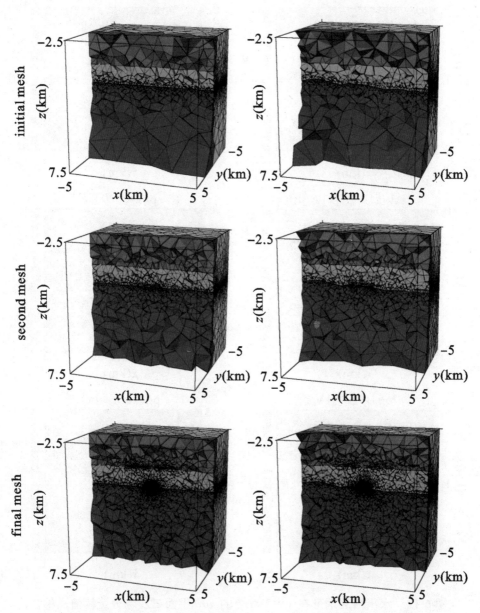

图 6-11　水平海底地形（左边）及起伏海底地形（右边）模型初始网格、
第一次细化网格及最终细化网格在中心剖面的 xz 切片图

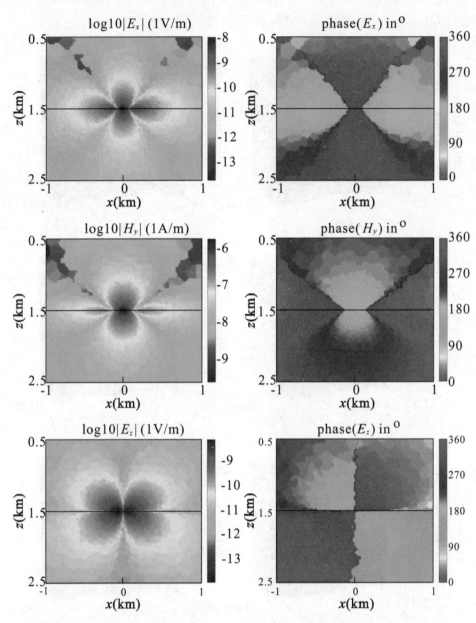

图 6-12　水平海底地形在 $y=0$ m 处的 xoz 平面二次场分量幅值及相位

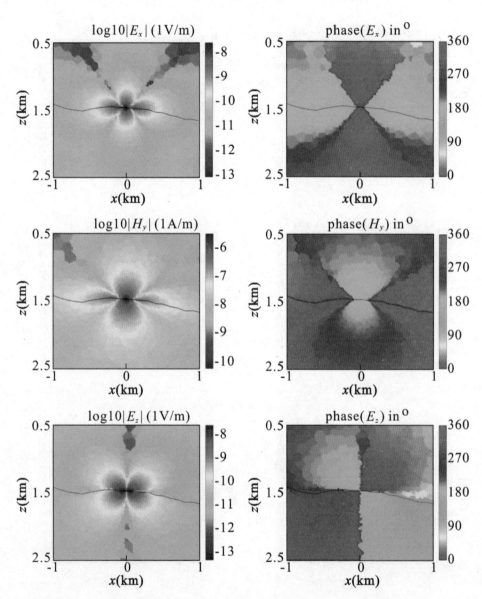

图 6-13　起伏海底地形在 *y*＝0 m 处的 *xoz* 平面二次场分量幅值及相位

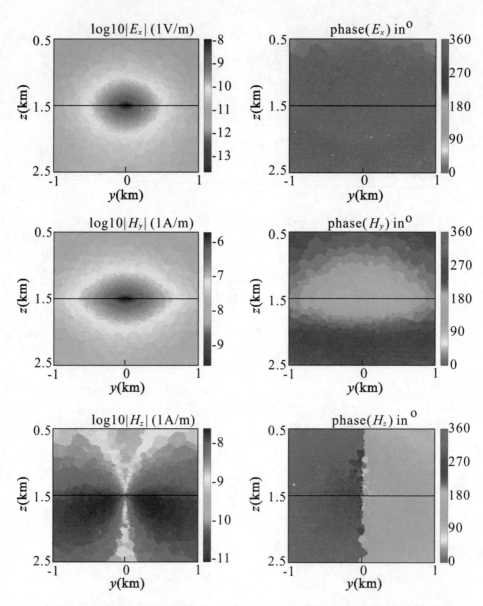

图 6-14　水平海底地形在 $x = 0$ m 处的 yoz 平面二次场分量幅值及相位

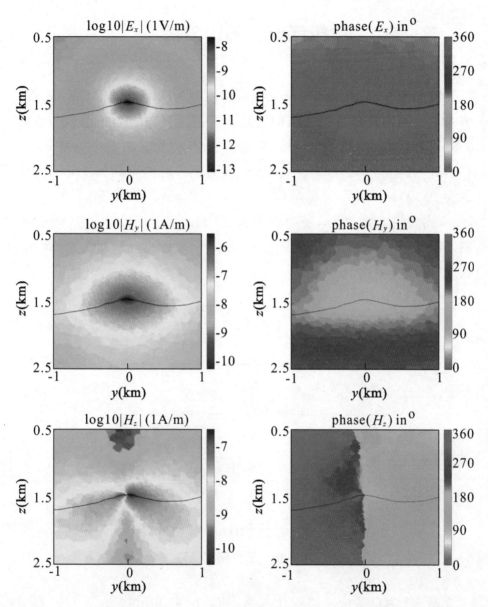

图 6-15　起伏海底地形在 $x=0$ m 处的 yoz 平面二次场分量幅值及相位

第四节 对比分析

以如图 6-16 所示的一个三维储层模型为例,对结构网格、局部加密非结构网格及自适应非结构网格的有限元法进行对比分析。由图 6-16 可知,海水深度为 1 km,三维异常体水平方向大小为 4 km×4 km,三维异常体的厚度为 400 m,顶面距海底的距离为 1 km,电阻率为 100 Ω·m。发射场源位置为($x_s = 0$ km, $y_s = 0$ km, $z_s = 0.95$ km),离海底上方 50 m,发射频率为 0.1 Hz,发射场源沿 x 方向激发。测线沿 y 方向,测站分布于海底 $y = -1.8 \sim 8$ km 之间,间距为 200 m,共 50 个接收测站。

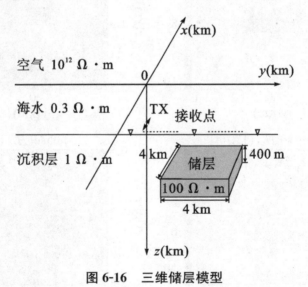

图 6-16 三维储层模型

表 6-4 为自适应网格细化参数,初始网格单元数为 53 129,最终细化网格单元数为 355 753。从表 6-4 可看出,随着网格的细化,有限元解的平均相对误差和最大相对误差均得到了减小,尤其是前面几次细化,相对误差减小地更明细,网格经 6 次细化后,平均相对误差从

5.1%降到了 0.3%,最大相对误差从 11.4%降到了 1.0%。表明随着网格的细化,有限元解能逐渐收敛到精确解附近。

表 6-4 三维储层模型网格自适应细化参数

网格序号	单元数	平均相对误差(%)	最大相对误差(%)
1	53 129		
2	67 573	5.1	11.4
3	83 627	1.8	3.6
4	112 657	1.0	2.1
5	158 544	0.6	1.2
6	236 650	0.5	1.1
7	355 753	0.3	1.0

表 6-5 三维储层模型不同网格的有限元参数

网格	节点数	单元数	占用内存 (GB)	消耗时间 (min)
局部加密非结构网格	62 010	387 946	0.386	3.7
自适应非结构网格	57 044	355 753	0.325	6.7
结构网格	283 800	270 396	1.044	27

表 6-5 列出了采用非结构网格(局部加密、自适应)与结构网格的有限元计算参数统计。从表 6-5 可看出,采用非结构网格计算时,节点数较少,是单元数的 1/6 左右,而采用结构网格计算时,节点数比单元数多。在占用内存和消耗时间方面,采用非结构网格比采用结构网格要少的多,表明采用非结构网格计算效率较高。采用自适应网格时,网格的自适应约占用总计算时间的一半。

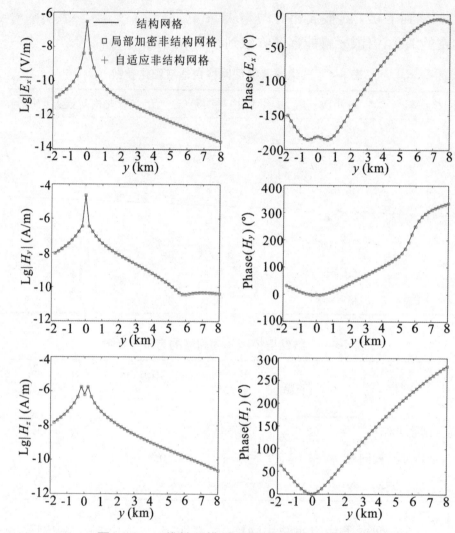

图 6-17 三维储层模型不同网格有限元解比较

图 6-17 为该模型的三种不同网格的有限元解比较,由于场的对称性,在 $x=0$ 的剖面上,E_y、E_z、H_x 分量为零,只有 E_x、H_y、H_z 分量。从图 6-17 可看出,三种网格的有限元计算结果吻合很好,表明该算法有限元解是可靠的。

图 6-18 和图 6-19 分别为该模型的初始网格、第 1 次细化后网格与最终细化网格的 yz 切片图和 xy 切片图。从图 6-18 和图 6-19 可

看出，随着网格的细化，在三维储层异常区域，网格得到了明显加密，
而在其他位置网格插入的节点很少。

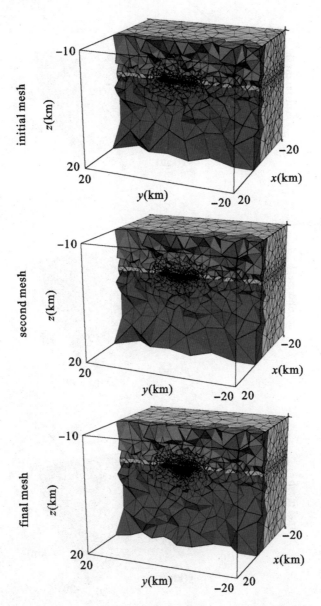

图 6-18　三维储层模型初始网格、第一次细化网格
及最终细化网格在中心剖面的 yz 切片图

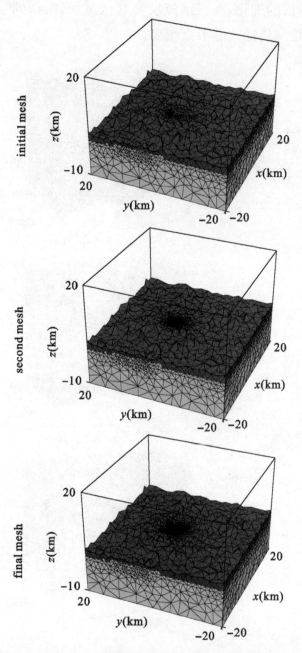

图 6-19　三维储层模型初始网格、第一次细化网格
及最终细化网格在 $z = 2.4$ km 处的 xy 切片图

第五节 本章小结

本章实现了基于自适应非结构网格的海洋可控源电磁三维有限元正演,推导了基于梯度恢复技术的后验误差估计算子,针对非结构网格具有自适应加密的特点,实现了非结构网格的自适应加密,分析了网格自适应加密的有限元数值解的收敛特性及精度。

一、二维正演模型实例表明,非结构网格自适应加密后,前后两次有限元解的相对差分能逐步减小,一般迭代次数不超过 6 次,前几次迭代有限元解的相对差分减小较快,后面几次迭代有限元解的相对差分减小较慢,表明有限元解收敛到精确解附近。然后利用该算法对复杂起伏海底地形模型进行了正演模拟分析,进一步说明了该算法的实用性和灵活性。通过对比水平海底地形模型正演结果,分析了二次场各个分量的平面特征。三维正演模型实例表明,自适应网格的有限元算法能在不显著增加计算时间的情况下,提供高精度的数值解,而且占用内存和计算时间方面与结构网格相比均小得多。

第七章 海洋可控源电磁法三维各向异性有限元正演

　　由于海底介质受沉积环境的影响,海底结构往往呈明显各向异性特征,对于海洋可控源电磁各向异性的研究以往主要局限于一维和二维模型,为了更深入了解复杂情况下海底各向异性对海洋可控源电磁响应的影响规律,本论著进一步开展三维各向异性介质中海洋可控源电磁有限元正演研究。

　　本章首先推导了电导率任意各向异性海底地层中电磁场的基本控制方程和有限元方程,并以此实现了计算电导率任意各向异性介质中海洋可控源电磁响应的有限元算法,最后通过数值模拟实例,分别研究了覆盖层和油气储层各向异性对海洋可控源电磁响应的影响特征。

第一节　各向异性介质中电磁场基本方程

一、控制方程

　　在电导率各向异性介质中,假定时间因子为 $e^{-i\omega t}$,在拟稳态情形下,电场(E)和磁场(H)满足如下偏微分方程:

$$\nabla \times E = i\omega\mu_0 H \tag{7-1}$$

$$\nabla \times H = J_s + \bar{\sigma}E \tag{7-2}$$

式中 i 为虚数单位,ω 为角频率(rad/s),μ_0 为真空介质磁导率,J_s 为电流源项，$\bar{\boldsymbol{\sigma}}$ 为电导率张量（S/m）：

$$\bar{\boldsymbol{\sigma}} = \begin{bmatrix} \sigma_{xx} & \sigma_{xy} & \sigma_{xz} \\ \sigma_{yx} & \sigma_{yy} & \sigma_{yz} \\ \sigma_{zx} & \sigma_{zy} & \sigma_{zz} \end{bmatrix} \tag{7-3}$$

电导率张量 $\bar{\boldsymbol{\sigma}}$ 为对称正定矩阵，对于轴向各向异性介质，其表达式可写为

$$\boldsymbol{\sigma}_c = \begin{bmatrix} \sigma_x & 0 & 0 \\ 0 & \sigma_y & 0 \\ 0 & 0 & \sigma_z \end{bmatrix} \tag{7-4}$$

式中，σ_x，σ_y 为水平方向电导率，σ_z 为垂直方向电导率。对于任意一个电导率张量 $\bar{\boldsymbol{\sigma}}$，可以通过三个主轴上的电导率（$\sigma_x$，$\sigma_y$，$\sigma_z$）和三个欧拉旋转角 α_s（各向异性走向角），α_d（各向异性倾角），α_l（各向异性偏角）计算得到，计算公式如下（Li 2002；罗鸣和李予国，2015）：

$$\bar{\boldsymbol{\sigma}} = \boldsymbol{R}\,\boldsymbol{\sigma}_c\,\boldsymbol{R}^{\mathrm{T}}, \boldsymbol{R} = \boldsymbol{R}_x\,\boldsymbol{R}_y\,\boldsymbol{R}_z \tag{7-5}$$

式中，

$$\boldsymbol{R}_x = \begin{bmatrix} \cos\alpha_s & -\sin\alpha_s & 0 \\ \sin\alpha_s & \cos\alpha_s & 0 \\ 0 & 0 & 1 \end{bmatrix}$$

$$\boldsymbol{R}_y = \begin{bmatrix} 1 & 0 & 0 \\ 0 & \cos\alpha_d & -\sin\alpha_d \\ 0 & \sin\alpha_d & \cos\alpha_d \end{bmatrix}$$

$$\boldsymbol{R}_z = \begin{bmatrix} \cos\alpha_l & -\sin\alpha_l & 0 \\ \sin\alpha_l & \cos\alpha_l & 0 \\ 0 & 0 & 1 \end{bmatrix}$$

根据库仑势的定义，电场和磁场可以用一个磁矢量势和一个电标量势表示：

$$\boldsymbol{B} = \nabla \times \boldsymbol{A} \tag{7-6}$$

$$\boldsymbol{E} = \mathrm{i}\omega(\boldsymbol{A} + \nabla\varphi) \tag{7-7}$$

为了确保矢量位的唯一性,使用库仑规范条件$\nabla \cdot \boldsymbol{A} = 0$,将式(7-6)和(7-7)代入到公式(7-1)和(7-2)中,得到如下 Helmholtz 方程:

$$\nabla^2 \boldsymbol{A} + \mathrm{i}\omega\mu_0\bar{\boldsymbol{\sigma}}(\boldsymbol{A} + \nabla\varphi) = -\mu_0 \boldsymbol{J}_s \tag{7-8}$$

$$\nabla \cdot (\mathrm{i}\omega\mu\bar{\boldsymbol{\sigma}}(\boldsymbol{A} + \nabla\varphi)) = -\mu \nabla \cdot \boldsymbol{J}_s \tag{7-9}$$

通常为了去除源点的奇异性,采用二次场算法,将电磁总势分解为一次势$(\boldsymbol{A}_p, \varphi_p)$和二次势$(\boldsymbol{A}_s, \varphi_s)$,一次势可有均匀各向同性介质或水平层状介质的解析公式求取,从而避免电流源项,二次势的控制方程为

$$\nabla^2 \boldsymbol{A}_s + \mathrm{i}\omega\mu_0\bar{\boldsymbol{\sigma}}(\boldsymbol{A}_s + \nabla\varphi_s) = -\mathrm{i}\omega\mu_0\Delta\bar{\boldsymbol{\sigma}}(\boldsymbol{A}_p + \nabla\varphi_p) \tag{7-10}$$

$$\nabla \cdot (\mathrm{i}\omega\mu_0\bar{\boldsymbol{\sigma}}(\boldsymbol{A}_s + \nabla\varphi_s)) = -\nabla \cdot (\mathrm{i}\omega\mu_0\Delta\bar{\boldsymbol{\sigma}}(\boldsymbol{A}_p + \nabla\varphi_p)) \tag{7-11}$$

考虑到如下关系:

$$\boldsymbol{E}_p = \mathrm{i}\omega(\boldsymbol{A}_p + \nabla\varphi_p) \tag{7-12}$$

因此,方程(7-10)、(7-11)可写为

$$\nabla^2 \boldsymbol{A}_s + \mathrm{i}\omega\mu_0\bar{\boldsymbol{\sigma}}(\boldsymbol{A}_s + \nabla\varphi_s) = -\mu_0\Delta\bar{\boldsymbol{\sigma}} \boldsymbol{E}_p \tag{7-13}$$

$$\nabla \cdot (\mathrm{i}\omega\mu_0\bar{\boldsymbol{\sigma}}(\boldsymbol{A}_s + \nabla\varphi_s)) = -\nabla \cdot (\mu_0\Delta\bar{\boldsymbol{\sigma}} \boldsymbol{E}_p) \tag{7-14}$$

式中,$\Delta\bar{\boldsymbol{\sigma}} = \bar{\boldsymbol{\sigma}} - \bar{\boldsymbol{\sigma}}_p$ 为异常电导率张量,$\bar{\boldsymbol{\sigma}}_p$ 为已知的背景模型电导率张量。

然后选取合适的边界条件,通常假设电磁场在外部边界上衰减为零,在外部边界上强加 Dirichlet 边界条件:

$$(\boldsymbol{A}_s, \varphi_s) \equiv (0, 0), on \Gamma \tag{7-15}$$

方程(7-13)和(7-14)即为要求解的二次耦合势满足的偏微分方程组。

二、有限元方程

采用有限元法求解偏微分方程的数值解,需要对偏微分方程进行离散化,采用节点有限元分析方法对$\boldsymbol{A} - \varphi$势满足的方程进行求解,

将方程(7-13)和(7-14)按照 x,y,z 三个方向展开,得到如下方程组:

$$\nabla^2 \boldsymbol{A}_{sx} + \mathrm{i}\omega\mu_0\sigma_{xx}(\boldsymbol{A}_{sx} + \frac{\partial\varphi_s}{\partial x}) + \mathrm{i}\omega\mu_0\sigma_{xy}(\boldsymbol{A}_{sy} + \frac{\partial\varphi_s}{\partial y}) + \mathrm{i}\omega\mu_0\sigma_{xz}(\boldsymbol{A}_{sz} + \frac{\partial\varphi_s}{\partial z})$$

$$= -\mu_0(\Delta\sigma_{xx}\boldsymbol{E}_{px} + \Delta\sigma_{xy}\boldsymbol{E}_{py} + \Delta\sigma_{xz}\boldsymbol{E}_{pz})$$

$$(7\text{-}16)$$

$$\nabla^2 \boldsymbol{A}_{sy} + \mathrm{i}\omega\mu_0\sigma_{yx}(\boldsymbol{A}_{sx} + \frac{\partial\varphi_s}{\partial x}) + \mathrm{i}\omega\mu_0\sigma_{yy}(\boldsymbol{A}_{sy} + \frac{\partial\varphi_s}{\partial y}) + \mathrm{i}\omega\mu_0\sigma_{yz}(\boldsymbol{A}_{sz} + \frac{\partial\varphi_s}{\partial z})$$

$$= -\mu_0(\Delta\sigma_{yx}\boldsymbol{E}_{px} + \Delta\sigma_{yy}\boldsymbol{E}_{px} + \Delta\sigma_{yz}\boldsymbol{E}_{pz})$$

$$(7\text{-}17)$$

$$\nabla^2 \boldsymbol{A}_{sz} + \mathrm{i}\omega\mu_0\sigma_{zx}(\boldsymbol{A}_{sx} + \frac{\partial\varphi_s}{\partial x}) + \mathrm{i}\omega\mu_0\sigma_{zy}(\boldsymbol{A}_{sy} + \frac{\partial\varphi_s}{\partial y}) + \mathrm{i}\omega\mu_0\sigma_{zz}(\boldsymbol{A}_{sz} + \frac{\partial\varphi_s}{\partial z})$$

$$= -\mu_0(\Delta\sigma_{zx}\boldsymbol{E}_{px} + \Delta\sigma_{zy}\boldsymbol{E}_{py} + \Delta\sigma_{zz}\boldsymbol{E}_{pz})$$

$$(7\text{-}18)$$

$$\mathrm{i}\omega\mu_0\,\nabla\cdot(\overline{\boldsymbol{\sigma}}\boldsymbol{A}_s) + \mathrm{i}\omega\mu_0\,\nabla\cdot(\overline{\boldsymbol{\sigma}}\,\nabla\varphi_s) = -\nabla\cdot(\mu_0\Delta\overline{\boldsymbol{\sigma}}\,\boldsymbol{E}_p) \quad (7\text{-}19)$$

利用伽辽金方法对方程(7-16)~(7-19)进行分析,结合散度定理和矢量恒等式,最后可得到关于 $\boldsymbol{A}-\varphi$ 势的积分方程组:

$$-(\nabla N, \nabla\boldsymbol{A}_{sx})_\Omega + \mathrm{i}\omega\mu_0\sigma_{xx}(N, \boldsymbol{A}_{sx} + \frac{\partial\varphi_s}{\partial x})_\Omega + \mathrm{i}\omega\mu_0\sigma_{xy}(N, \boldsymbol{A}_{sy} + \frac{\partial\varphi_s}{\partial y})_\Omega$$

$$+ \mathrm{i}\omega\mu_0\sigma_{xz}(N, \boldsymbol{A}_{sz} + \frac{\partial\varphi_s}{\partial z})_\Omega = -\mu_0(\Delta\sigma_{xx}(N, \boldsymbol{E}_{px}) + \Delta\sigma_{xy}(N, \boldsymbol{E}_{py}) +$$

$$\Delta\sigma_{xz}(N, \boldsymbol{E}_{pz}))$$

$$(7\text{-}20)$$

$$-(\nabla N, \nabla\boldsymbol{A}_{sy})_\Omega + \mathrm{i}\omega\mu_0\sigma_{yx}(N, \boldsymbol{A}_{sx} + \frac{\partial\varphi_s}{\partial x})_\Omega + \mathrm{i}\omega\mu_0\sigma_{yy}(N, \boldsymbol{A}_{sy} + \frac{\partial\varphi_s}{\partial y})_\Omega$$

$$+ \mathrm{i}\omega\mu_0\sigma_{yz}(N, \boldsymbol{A}_{sz} + \frac{\partial\varphi_s}{\partial z})_\Omega = -\mu_0(\Delta\sigma_{yx}(N, \boldsymbol{E}_{px}) + \Delta\sigma_{yy}(N, \boldsymbol{E}_{py}) +$$

$$\Delta\sigma_{yz}(N, \boldsymbol{E}_{pz}))$$

$$(7\text{-}21)$$

$$-(\nabla N, \nabla\boldsymbol{A}_{sz})_\Omega + \mathrm{i}\omega\mu_0\sigma_{zx}(N, \boldsymbol{A}_{sx} + \frac{\partial\varphi_s}{\partial x})_\Omega + \mathrm{i}\omega\mu_0\sigma_{zy}(N, \boldsymbol{A}_{sy} + \frac{\partial\varphi_s}{\partial y})_\Omega$$

$$+ \mathrm{i}\omega\mu_0\sigma_{zz}(N, \boldsymbol{A}_{sz} + \frac{\partial\varphi_s}{\partial z})_\Omega = -\mu_0(\Delta\sigma_{zx}(N, \boldsymbol{E}_{px}) + \Delta\sigma_{zy}(N, \boldsymbol{E}_{py}) +$$

$$\Delta\sigma_{zz}(N,\boldsymbol{E}_{pz})) \tag{7-22}$$

$$\mathrm{i}\omega\mu_0\,(\nabla N,\bar{\boldsymbol{\sigma}}\,\boldsymbol{A}_s)_\Omega + \mathrm{i}\omega\mu_0\,(\nabla N,\bar{\boldsymbol{\sigma}}\,\nabla\varphi)_\Omega = -\mu_0\,(\nabla N,\Delta\bar{\boldsymbol{\sigma}}\,\boldsymbol{E}_p) \tag{7-23}$$

式中,N 为有限单元法的形函数。本论著采用非结构四面体单元对计算区域进行离散,在各个单元中,电导率为常数,$\boldsymbol{A}-\varphi$ 势在单元内呈线性变化,可用形函数插值得到:

$$\boldsymbol{A}_x^e = \sum_{j=1}^4 \boldsymbol{A}_{xj}^e N_j^e, \boldsymbol{A}_y^e = \sum_{j=1}^4 \boldsymbol{A}_{yj}^e N_j^e, \boldsymbol{A}_z^e = \sum_{j=1}^4 \boldsymbol{A}_{zj}^e N_j^e, \varphi^e = \sum_{j=1}^4 \varphi_j^e N_j^e \tag{7-24}$$

上式中,N_j 为插值形函数,形式如下:

$$N_j^e(x,y,z) = \frac{1}{6V^e}(a_j^e + b_j^e x + c_j^e y + d_j^e z) \tag{7-25}$$

式中,V^e 为四面体单元体积。

将方程(7-24)和(7-25)代入到方程组(7-20)~(7-23)中,最后可得到线性方程组:

$$\boldsymbol{Ku} = \boldsymbol{b} \tag{7-26}$$

其中,

$$\boldsymbol{K}^e = \begin{bmatrix} \boldsymbol{K}_{Axx}^e & \boldsymbol{K}_{Axy}^e & \boldsymbol{K}_{Axz}^e & \boldsymbol{K}_{x\varphi}^e \\ \boldsymbol{K}_{Ayx}^e & \boldsymbol{K}_{Ayy}^e & \boldsymbol{K}_{Ayz}^e & \boldsymbol{K}_{y\varphi}^e \\ \boldsymbol{K}_{Azx}^e & \boldsymbol{K}_{Azy}^e & \boldsymbol{K}_{Azz}^e & \boldsymbol{K}_{z\varphi}^e \\ \boldsymbol{K}_{\varphi x}^e & \boldsymbol{K}_{\varphi y}^e & \boldsymbol{K}_{\varphi z}^e & \boldsymbol{K}_{\varphi\varphi}^e \end{bmatrix}, \boldsymbol{u}^e = (A_{sx}^e, A_{sy}^e, A_{sz}^e, \varphi_s^e)^T, \boldsymbol{b}^e =$$

$(b_x^e, b_y^e, b_z^e, b_\varphi^e)^T$

$$\boldsymbol{K}_{Axx}^e(i,j) = \iiint_e -(\frac{\partial N_i^e}{\partial x}\frac{\partial N_j^e}{\partial x} + \frac{\partial N_i^e}{\partial y}\frac{\partial N_j^e}{\partial y} + \frac{\partial N_i^e}{\partial z}\frac{\partial N_j^e}{\partial z}) +$$

$\mathrm{i}\omega\mu_0\sigma_{xx}N_i^e N_j^e\,\mathrm{d}x\,\mathrm{d}y\,\mathrm{d}z$,

$$\boldsymbol{K}_{Ayy}^e(i,j) = \iiint_e -(\frac{\partial N_i^e}{\partial x}\frac{\partial N_j^e}{\partial x} + \frac{\partial N_i^e}{\partial y}\frac{\partial N_j^e}{\partial y} + \frac{\partial N_i^e}{\partial z}\frac{\partial N_j^e}{\partial z}) +$$

$\mathrm{i}\omega\mu_0\sigma_{yy}N_i^e N_j^e\,\mathrm{d}x\,\mathrm{d}y\,\mathrm{d}z$,

$$\boldsymbol{K}_{Azz}^{e}(i,j) = \iiint_{e} -\left(\frac{\partial N_{i}^{e}}{\partial x} \frac{\partial N_{j}^{e}}{\partial x} + \frac{\partial N_{i}^{e}}{\partial y} \frac{\partial N_{j}^{e}}{\partial y} + \frac{\partial N_{i}^{e}}{\partial z} \frac{\partial N_{j}^{e}}{\partial z} \right) +$$

$$\mathrm{i}\omega\mu_{0}\sigma_{zz}N_{i}^{e}N_{j}^{e}\,\mathrm{d}x\,\mathrm{d}y\,\mathrm{d}z,$$

$$\boldsymbol{K}_{Ayx}^{e}(i,j) = \boldsymbol{K}_{Axy}^{e}(i,j) = \iiint_{e} \mathrm{i}\omega\mu_{0}\sigma_{xy}N_{i}^{e}N_{j}^{e}\,\mathrm{d}x\,\mathrm{d}y\,\mathrm{d}z,$$

$$\boldsymbol{K}_{Azx}^{e}(i,j) = \boldsymbol{K}_{Axz}^{e}(i,j) = \iiint_{e} \mathrm{i}\omega\mu_{0}\sigma_{xz}N_{i}^{e}N_{j}^{e}\,\mathrm{d}x\,\mathrm{d}y\,\mathrm{d}z,$$

$$\boldsymbol{K}_{Azy}^{e}(i,j) = \boldsymbol{K}_{Ayz}^{e}(i,j) = \iiint_{e} \mathrm{i}\omega\mu_{0}\sigma_{yz}N_{i}^{e}N_{j}^{e}\,\mathrm{d}x\,\mathrm{d}y\,\mathrm{d}z,$$

$$\boldsymbol{K}_{x\varphi}^{e}(i,j) = \boldsymbol{K}_{\varphi x}^{e}(j,i) = \mathrm{i}\omega\mu_{0}\iiint_{e} \sigma_{xx}N_{i}^{e} \frac{\partial N_{j}^{e}}{\partial x} + \sigma_{xy}N_{i}^{e} \frac{\partial N_{j}^{e}}{\partial y} +$$

$$\sigma_{xz}N_{i}^{e} \frac{\partial N_{j}^{e}}{\partial z}\mathrm{d}x\,\mathrm{d}y\,\mathrm{d}z,$$

$$\boldsymbol{K}_{y\varphi}^{e}(i,j) = \boldsymbol{K}_{\varphi y}^{e}(j,i) = \mathrm{i}\omega\mu_{0}\iiint_{e} \sigma_{yx}N_{i}^{e} \frac{\partial N_{j}^{e}}{\partial x} + \sigma_{yy}N_{i}^{e} \frac{\partial N_{j}^{e}}{\partial y} + \sigma_{yz}N_{i}^{e}$$

$$\frac{\partial N_{j}^{e}}{\partial z}\mathrm{d}x\,\mathrm{d}y\,\mathrm{d}z,$$

$$\boldsymbol{K}_{z\varphi}^{e}(i,j) = \boldsymbol{K}_{\varphi z}^{e}(j,i) = \mathrm{i}\omega\mu_{0}\iiint_{e} \sigma_{zx}N_{i}^{e} \frac{\partial N_{j}^{e}}{\partial x} + \sigma_{zy}N_{i}^{e} \frac{\partial N_{j}^{e}}{\partial y} + \sigma_{zz}N_{i}^{e}$$

$$\frac{\partial N_{j}^{e}}{\partial z}\mathrm{d}x\,\mathrm{d}y\,\mathrm{d}z,$$

$$\boldsymbol{K}_{\varphi\varphi}^{e}(i,j) = \frac{\mathrm{i}\omega\mu_{0}}{36V^{e}}(\sigma_{xx}b_{i}^{e}b_{j}^{e} + \sigma_{xy}b_{i}^{e}c_{j}^{e} + \sigma_{xz}b_{i}^{e}d_{j}^{e} + \sigma_{yx}c_{i}^{e}b_{j}^{e} + \sigma_{yy}c_{i}^{e}c_{j}^{e}$$

$$+ \sigma_{yz}c_{i}^{e}d_{j}^{e} + \sigma_{zx}d_{i}^{e}b_{j}^{e} + \sigma_{zy}d_{i}^{e}c_{j}^{e} + \sigma_{zz}d_{i}^{e}d_{j}^{e})$$

$$b_{x}^{e}(i) = -\frac{\mu_{0}V_{e}}{20}\left(\Delta\sigma_{xx} \sum_{k=1}^{4} E_{pxk}^{e}(1+\delta_{ik}) + \Delta\sigma_{xy} \sum_{k=1}^{4} E_{pyk}^{e}(1+\delta_{ik})\right.$$

$$+ \Delta\sigma_{xz} \sum_{k=1}^{4} E_{pzk}^{e}(1+\delta_{ik}))$$

$$b_{y}^{e}(i) = -\frac{\mu_{0}V_{e}}{20}\left(\Delta\sigma_{yx} \sum_{k=1}^{4} E_{pxk}^{e}(1+\delta_{ik}) + \Delta\sigma_{yy} \sum_{k=1}^{4} E_{pyk}^{e}(1+\delta_{ik})\right.$$

$$+\Delta\sigma_{yz}\sum_{k=1}^{4}E_{pzk}^{e}(1+\delta_{ik}))$$

$$b_{z}^{e}(i)=-\frac{\mu_{0}V_{e}}{20}(\Delta\sigma_{zx}\sum_{k=1}^{4}E_{pxk}^{e}(1+\delta_{ik})+\Delta\sigma_{zy}\sum_{k=1}^{4}E_{pyk}^{e}(1+\delta_{ik})+$$

$$\Delta\sigma_{zz}\sum_{k=1}^{4}E_{pzk}^{e}(1+\delta_{ik}))$$

$$b_{\varphi}^{e}(i)=-\frac{\mu_{0}}{24}\sum_{k=1}^{4}(b_{i}^{e}(\Delta\sigma_{xx}E_{pxk}^{e}+\Delta\sigma_{xy}E_{pyk}^{e}+\Delta\sigma_{xz}E_{pzk}^{e})+$$

$$c_{i}^{e}(\Delta\sigma_{yx}E_{pxk}^{e}+\Delta\sigma_{yy}E_{pyk}^{e}+\Delta\sigma_{yz}E_{pzk}^{e})+d_{i}^{e}(\Delta\sigma_{zx}E_{pxk}^{e}+\Delta\sigma_{zy}E_{pyk}^{e}+$$

$$\Delta\sigma_{zz}E_{pzk}^{e}))$$

然后代入相应边界条件,求解线性方程组(7-26),可得求解区域内任意节点处的电磁势,再根据方程(7-6)和(7-7),通过求解电磁势的梯度,可得到任意节点处的电磁场值。

第二节 算法精度验证

为了验证该算法的精度,本论著采用如图 7-1 所示的一维层状各向异性模型进行精度验证,并与罗鸣和李予国(2015)[59]的一维算法计算结果进行比较。模型参数如图 7-1 所示,海水层厚度 1 km,电阻率 0.3 Ω·m,海底覆盖层厚度 1 km,电阻率为 1 Ω·m,高阻储层厚度 100 m,电阻率参数为 $\rho_x=\rho_y=100$ Ω·m,$\rho_z=1\,000$ Ω·m,高阻储层下面是电阻率为 1 Ω·m 的均匀半空间。发射源沿 y 方向,发射频率 0.1 Hz,发射偶极矩为 1 Am,位于海底上方 100 m。测线沿 y 方向,即 inline 装置观测,共 40 个接收站,接收站间距 200 m。

采用空气、海水和电阻率为 1 Ω·m 的均匀半空间作为背景模型。该模型的有限元计算结果与一维解析解的对比如图 7-2 所示,从图中可看出,有限元解与解析解吻合很好,幅值最大相对误差不超过 2%,收发距小于 4 km 时幅值误差均小于 1%,相位最大误差不超过

4°,收发距小于 4 km 时幅值误差均小于 1°,表明该算法具有较高计算精度。

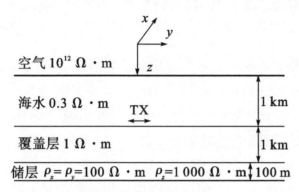

图 7-1 一维各向异性储层模型

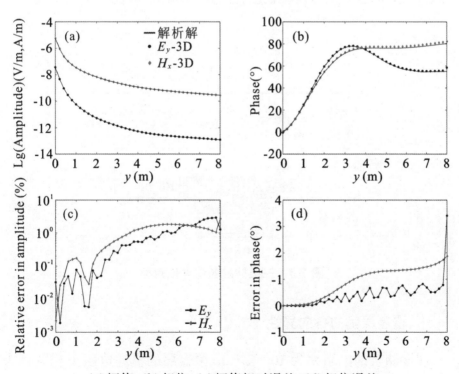

(a)幅值;(b)相位;(c)幅值相对误差;(d)相位误差

图 7-2 一维各向异性储层模型有限元解与解析解的比较

第三节 电导率各向异性影响分析

考虑如图 7-3 所示的三维储层各向异模型,海水深度 1 km,电阻率 0.3 Ω·m,海底覆盖层厚度 1 km,电导率参数为各向异性变化,高阻储层厚度 100 m,横向大小为 6 km×6 km,电导率参数为各向异性变化,高阻储层下面是电阻率为 1 Ω·m 的均匀半空间。发射源位于海底上方 50 m,发射频率为 0.25 Hz,其位置为$(x_s=0$ m$,y_s=0$ m$,z_s=950$ m$)$,沿 x 方向发射。分别按 inline 装置和 broadside 装置观测水平电场,测站间距 400 m,分布于源点的两侧,测线总长度 20 km。下面将以此模型分别讨论覆盖层各向异性和储层各向异性的影响。

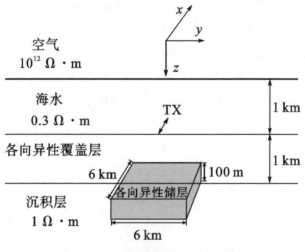

图 7-3 三维储层各向异性模型

一、覆盖层垂向各向异性

假设储层的电阻率为 100 Ω·m,覆盖层的横向电阻率相同且为 1 Ω·m,而垂向电阻率 ρ_v 变化,分别为 1 Ω·m、2 Ω·m、4 Ω·m、10 Ω·m,分别计算 inline 装置和 broadside 装置的电场响应。图 7-4 为电导率垂直各向异时的水平电场幅值、相位及归一化响应曲线。从图 7-4 可看出,覆盖层电阻率垂向变化时,水平电场振幅和相位都变化较大,电场振幅随垂向电阻率的增大而增大,而相位随垂向电阻率的增大而减小。归一化后,更加直观地显示了电导率垂向各向异性对电场响应的影响。从两种模式的对比可看出,inline 装置比 broadside 装置受覆盖层垂向电导率的变化影响大。

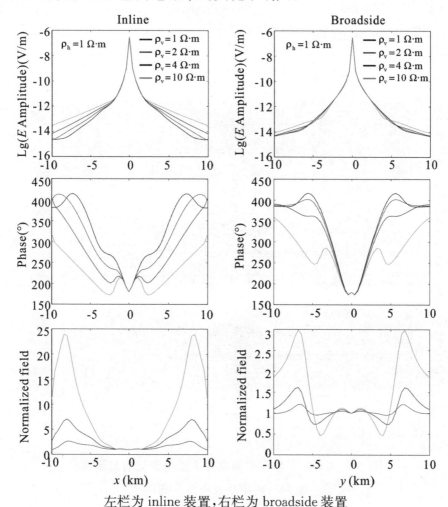

左栏为 inline 装置,右栏为 broadside 装置

图 7-4　覆盖层垂向各向异性时的水平电场振幅(上图)、相位(中图)和归一化响应(下图)

　　图 7-5 与图 7-6 分别为 inline 装置与 broadside 装置电导率垂向
变化时沿测线的垂向剖面电场及电流分布图。从图 7-5 与图 7-6 可
看出,电场幅值在点电流源附近是迅速衰减的,在海水中衰减较快,
在覆盖层中衰减较慢,在储层中衰减更慢,衰减的快慢与电阻率成
反比。当覆盖层垂向电阻率增大时,电场的衰减亦变慢。从图 7-5
与图 7-6 也可看出 inline 装置的电场较复杂,broadside 装置的电场
较平坦,inline 装置比 broadside 装置受覆盖层垂向电导率的变化影
响大。

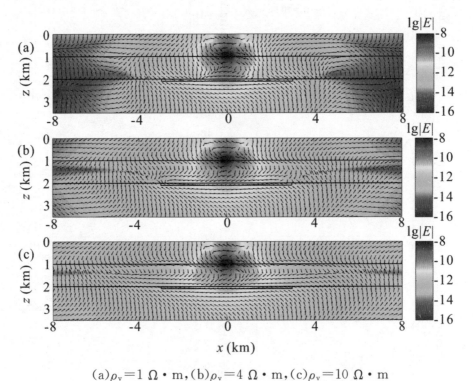

(a)$\rho_v=1\ \Omega\cdot m$,(b)$\rho_v=4\ \Omega\cdot m$,(c)$\rho_v=10\ \Omega\cdot m$

图 7-5　inline 装置覆盖层电导率垂向变化时沿测线的
垂向剖面电场及电流分布图

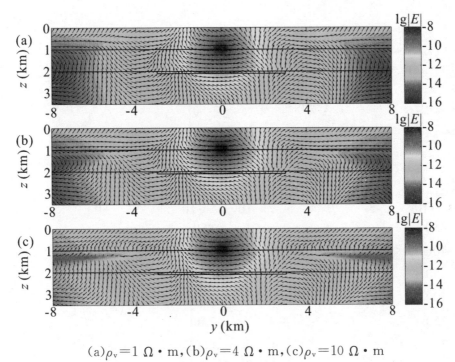

(a)$\rho_v = 1\ \Omega \cdot m$,(b)$\rho_v = 4\ \Omega \cdot m$,(c)$\rho_v = 10\ \Omega \cdot m$

图 7-6　broadside 装置覆盖层电导率垂向变化时沿测线的
垂向剖面电场及电流分布图

二、覆盖层横向各向异性

假设储层的电阻率为 100 $\Omega \cdot m$,覆盖层的纵向电阻率相同且为 1 $\Omega \cdot m$,而横向电阻率 ρ_h 变化,分别为 1 $\Omega \cdot m$、2 $\Omega \cdot m$、4 $\Omega \cdot m$、10 $\Omega \cdot m$,分别计算 inline 装置和 broadside 装置的电场响应。图 7-7 为覆盖层电导率横向变化时的水平电场幅值、相位及归一化响应曲线。从图 7-7 可看出,覆盖层电阻率横向变化时,水平电场振幅和相位均具有一定的变化,但变化较小,电场振幅随横向电阻率的增大而增大,而相位随横向电阻率的增大而减小。归一化后,更加直观地显示了电导率横向各向异性对电场响应的影响。图 7-8 与图 7-9 分别为 inline 装置与 broadside 装置电导率横向变化时沿测线的垂向剖面电场及电流分布图。

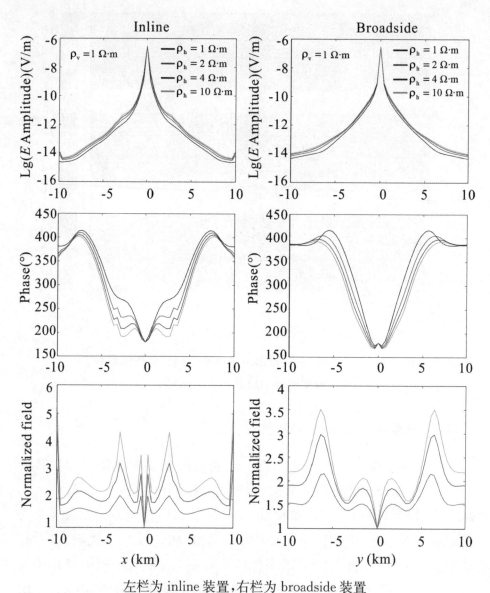

左栏为 inline 装置,右栏为 broadside 装置

图 7-7　覆盖层横向各向异性时的水平电场振幅(上图)、

相位(中图)和归一化响应(下图)

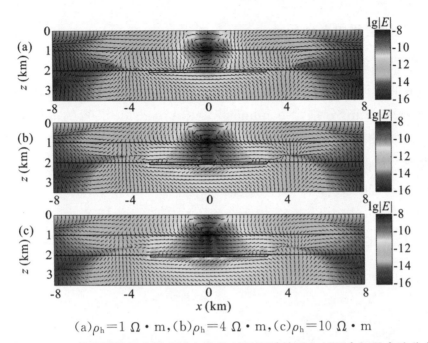

(a)$\rho_h=1\ \Omega\cdot m$,(b)$\rho_h=4\ \Omega\cdot m$,(c)$\rho_h=10\ \Omega\cdot m$

图 7-8　inline 装置覆盖层电导率横向变化时沿测线的垂向剖面电场及电流分布图

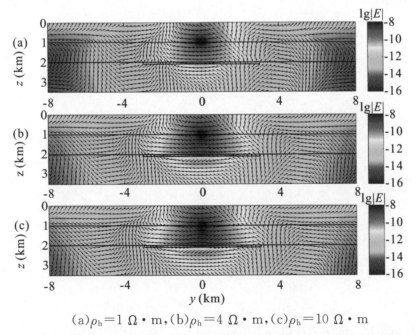

(a)$\rho_h=1\ \Omega\cdot m$,(b)$\rho_h=4\ \Omega\cdot m$,(c)$\rho_h=10\ \Omega\cdot m$

图 7-9　broadside 装置覆盖层电导率横向变化时沿测线的垂向剖面电场及电流分布图

三、储层垂向各向异性

假设覆盖层电阻率为 $1\ \Omega \cdot m$,储层的横向电阻率相同且为 100 $\Omega \cdot m$,而垂向电阻率 ρ_v 变化,分别为 $100\ \Omega \cdot m$、$200\ \Omega \cdot m$、$400\ \Omega \cdot$ m、$1\ 000\ \Omega \cdot m$,分别计算 inline 装置和 broadside 装置的电场响应。图 7-10 为储层电导率垂向变化时的水平电场幅值、相位及归一化响应曲线。从图 7-10 可看出,储层电阻率垂向变化时,无论 inline 装置还是 broadside 装置水平电场振幅和相位都变化较小,从电导率各向异性时的响应与电导率各相同性时的响应归一化后的响应可看出,inline 装置比 broadside 装置受储层垂向电导率变化的影响大。

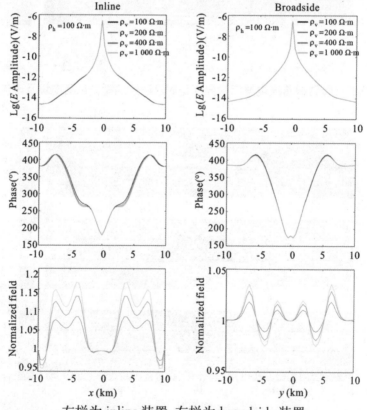

左栏为 inline 装置,右栏为 broadside 装置

图 7-10 储层垂向各向异性时的水平电场振幅(上图)、相位(中图)和归一化响应(下图)

四、储层横向各向异性

假设覆盖层电阻率为 1 Ω·m,储层的垂向电阻率相同且为 100 Ω·m,而横向电阻率 ρ_h 变化,分别为 100 Ω·m、200 Ω·m、400 Ω·m、1 000 Ω·m,分别计算 inline 装置和 broadside 装置的电场响应。图 7-11 为储层电导率横向变化时的水平电场幅值、相位及归一化响应曲线。从图 7-11 可看出,储层电阻率横向变化时,无论 inline 装置还是 broadside 装置水平电场振幅和相位都变化很小,表明海底电场受海底储层横向电导率变化的影响很小。

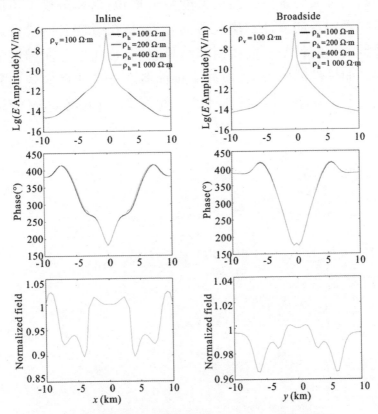

左栏为 inline 装置,右栏为 broadside 装置

图 7-11 储层横向各向异性时的水平电场振幅(上图)、相位(中图)和归一化响应(下图)

第四节　本章小结

　　本章推导了电导率任意各向异性海底地层中电磁场的基本控制方程和有限元方程，并以此实现了计算任意各向异性介质中海洋可控源电磁响应的有限元算法，然后通过一维储层各向异性模型，验证了该算法的计算精度。

　　通过三维储层各向异性模型的数值模拟，对比分析了不同装置的覆盖层垂向各向异性和横向各向异性、储层垂向各向异性和横向各向异性的影响特征。数值模拟结果表明，覆盖层各向异性的影响比储层各向异性的影响大，电导率垂向各向异性比横向各向异性的影响大，inline 装置比 broadside 装置受电导率的垂向各向异性影响大。

第八章　结论与建议

第一节　结　论

本论著围绕海洋可控源电磁三维有限元正演展开研究,取得的研究成果如下。

(1)详细推导了层状均匀介质中任意取向电偶源激励下电磁场正演理论,实现了任意取向电偶源的海洋可控源电磁一维正演算法,然后利用该算法分析了不同电偶源取向、不同频率、不同储层厚度、不同海底深度的海洋可控源电磁一维正演特征。

(2)推导了频率域海洋可控源电磁法磁矢量势和电标量势的双旋度方程,然后采用有限元方法求解该方程,推导了海洋可控源电磁三维正演的有限元线性方程组,采用结构六面体网格剖分,采用大型稀疏复对称的线性方程组求解器 SSOR-PCG 进行求解,采用 Dirichlet 边界条件,编程实现了海洋可控源电磁三维有限元正演算法。通过一维、二维模型正演,检验了该算法的精确性和可靠性;通过三维带地形模型正演,分析了不同装置油气储层的响应及地形的影响特征。

(3)针对非结构网格剖分具有局部加密的特点,采用局部测点加密(LNR)与局部体积加密(LVR)相结合的方式,实现了非结构网格局部加密,然后推导了海洋可控源电磁三维非结构网格有限元方程,编程实现了基于非结构网格的海洋可控源电磁三维有限元正演算法。以模型实例分析了该算法的计算精度和计算效率,模型实例表明,所实现的算法具有构建模型方便、灵活的特点,适于模拟任意起伏地形和倾斜界面等复杂构造。

(4)针对非结构网格具有自适应加密的特点,采用梯度恢复技术的后验误差估计算子指导网格自动细化,编程实现了基于自适应非结构网格的海洋可控源电磁三维有限元正演算法。正演模拟实例表明,该算法能够在数次迭代内,使有限元解逐步收敛到精确解附近,避免了人为的网格剖分和加密过程,说明该算法具有较好的实用性和灵活性。

(5)由于海洋环境的特殊性,海底介质往往呈明显各向异性特征。推导了电导率各向异性海底地层中电磁场的基本控制方程和有限元方程,并基于此实现了计算各向异性介质中海洋可控源电磁响应的有限元算法。然后通过数值模拟实例,分别研究了覆盖层各向异性和储层各向异性对海洋可控源电磁响应的影响特征。

第二节 建 议

尽管本论著对海洋可控源电磁三维有限元正演进行了系统的研究,取得了一些重要的成果,但还存在一些问题,建议从以下三个方面进一步研究。

(1)论著实现的算法对于计算单个源的海洋可控源电磁正演问题速度较快,但对于多场源的正演问题,由于要进行多次矩阵分解,计算效率不高,建议进一步实现适合多场源的正演计算。

(2)海洋可控源电磁三维有限元正演计算量非常庞大,其自适应有限元算法计算量更加庞大,对于复杂模型的正演计算,在普通个人计算机上将难以实现,建议进一步实现海洋可控源电磁三维并行有限元正演算法。

（3）论著只是对海洋可控源电磁的三维正演作了研究，正演是为反演服务的，需要进一步实现基于自适应非结构网格的海洋可控源电磁三维反演算法，使得算法能够更好地为海洋可控源电磁资料解释服务。

参考文献

[1] Cox C S. Electromagnetic induction in the oceans and inferences on the constitution of the earth[J]. Geophysical Surveys, 1980, 4(1-2): 137-156.

[2] Cox C S. On the electrical conductivity of the oceanic lithosphere [J]. Physical Earth Planetary International, 1981, 25(3): 196-201.

[3] Cox C S, Constable S C, Chave A D, et al. Controlled-source electromagnetic sounding of the oceanic lithosphere[J]. Nature, 1986, 320(6057): 52-54.

[4] Chave A D, Constable S C, Edwards R N. Electrical exploration methods for the seafloor[C]//Vozoff K. Electromagnetic Methods in Applied Geophysics. SEG, 1991: 931-966.

[5] Evans R, Constable S, Sinha M, et al. On the electrical nature of the axial melt zone at 13°N on the East Pacific Rise[J]. Journal of Geophysical Research, 1994, 99: 577-588.

[6] Constable S C, Cox C S. Marine controlled-source electromagnetic sounding 2: The PEGASUS experiment[J]. Journal of Geophysical Research, 1996, 101(B3): 5519-5530.

[7] MacGregor L, Constable S, Sinha M. The RAMESSES experiment III: Controlled source electromagnetic sounding of the Reykjanes Ridge at 57°45′N[J]. Geophysics Journal International, 1998, 135: 772-789.

[8] Macgregor L, Sinha M, Constable S. Electrical resistivity struc-

ture of the Valu Fa Ridge, Lau Basin, from marine controlled-source electromagnetic sounding[J]. Geophysical Journal International, 2001, 146(1): 217-236.

[9] Yuan J, Edwards R N. The assessment of marine gas hydrates through electrical remote sounding: Hydrate without a BSR[J]. Geophysical Research Letters, 2000, 27(16): 2397-2400.

[10] Eidesmo T, Ellingsrud S, MacGregor L M, et al. Sea bed logging (SBL), a new method for remote and direct identification of hydrocarbon filled layers in deep water areas[J]. First Break, 2002, 20(3): 144-152.

[11] Ellingsrud S, Eidesmo T, Johansen S, et al. Remote sensing of hydrocarbon layers by seabed logging (SBL): Results from a cruise offshore Angola[J]. The Leading Edge, 2002, 21: 972-982.

[12] Schwalenberg K, Willoughby E, Mir R, et al. Marine gas hydrate electromagnetic signatures in Cascadia and their correlation with seismic blank zones[J]. First Break, 2005, 23: 57-63.

[13] Weitemeyer K, Constable S, Key K W, et al. First results from a marine controlled-source electromagnetic survey to detect gas hydrates offshore Oregon[J]. Geophysical Research Letters, 2006, 33(3): L03304.

[14] Weitemeyer K, Constable S, Key K. Marine EM techniques for gas-hydrate detection and hazard mitigation[J]. The Leading Edge, 2006, 25: 629.

[15] Schwalenberg K, Haeckel M, Poort J, et al. Evaluation of gas hydrate deposits in an active seep area using marine controlled source electromagnetics: Results from Opouawe Bank, Hikurangi Margin, New Zealand[J]. Marine Geology, 2010,272(1):79-88.

［16］Zach J，Brauti K. Methane hydrates in controlled-source elec-
tromagnetic surveys-analysis of a recent data example［J］. Geo-
physical Prospecting，2009，57(4)：601-614.

［17］胡文宝. 海洋地球物理中的电磁法［J］. 地球物理学进展,1991：
1-18.

［18］何展翔,孙卫斌,孔繁恕,等. 海洋电磁法［J］. 石油地球物理勘
探,2006,41(4):451-457.

［19］何展翔,余刚. 海洋电磁勘探技术及新进展［J］. 勘探地球物理进
展,2008,31(1):2-9.

［20］沈金松,陈小宏. 海洋油气勘探中可控源电磁探测法(CSEM)的
发展与启示［J］. 石油地球物理勘探,2009,44(1):119-127.

［21］盛堰,邓明,魏文博,等. 海洋电磁探测技术发展现状及探测天然
气水合物的可行性［J］. 工程地球物理学报,2012,9(2):127-
133.

［22］Li Y，Constable S. 2D marine controlled-source electromagnetic
modeling：Part 2 — The effect of bathymetry［J］. Geophysics，
2007，72(2)：WA63-WA71.

［23］Li Y，Dai S. Finite element modeling of marine controlled-
source electromagnetic responses in two-dimensional dipping
anisotropic conductivity structures［J］. Geophysical Journal In-
ternational，2011，2：622-636.

［24］Li Y，Luo M，Pei J. Adaptive finite element modeling of
marine controlled-source electromagnetic fields in two-dimen-
sional general anisotropic media［J］. Journal of Ocean Universi-
ty of China，2013，12 (1)：1-5.

［25］da Silva N Y，Morgan J V，MacGregor L，et al. A finite ele-
ment multifrontal method for 3D CSEM modeling in the fre-
quency domain［J］. Geophysics，2012. 77(2)：E101-E115.

[26] Chave A D, Cox C S. Controlled electromagnetic sources for measuring electrical conductivity beneath the oceans-I, Forward problem and model study[J]. Journal of Geophysical Research, 1982, 87(B7): 5327-5338.

[27] Flosadóttir A H, Constable S. Marine controlled-source electromagnetic sounding 1. Modeling and experimental design[J]. Journal of Geophysical Research, 1996, 101(B3): 5507-5517.

[28] Constable S, Weiss C J. Mapping thin resistors and hydrocarbons with marine EM methods: Insights from 1D modeling[J]. Geophysics, 2006, 71(2): G43-G51.

[29] Everett M E, Edwards R N. Transient marine electromagnetics: the 2.5-D forward problem[J]. Geophysical Journal International(Print), 1993, 113(3): 545-561.

[30] Everett M E, Constable S C. Electric dipole fields over an anisotropic seafloor: theory and application to the structure of 40 Ma Pacific Ocean lithosphere[J]. Geophysical Journal International, 1999, 136(1): 41-56.

[31] Tompkins M J. The role of vertical anisotropy in interpreting marine controlled-source electromagnetic data: The role of vertical anisotropy in interpreting marine controlled-source electromagnetic data [J]. SEG Technical Program Expanded Abstracts, 2005, 514-517.

[32] Loseth L, Ursin B. Electromagnetic fields in planarly layered anisotropic media[J]. Geophysical Journal International, 2007, 170: 44-80.

[33] Li Y, Key K. 2D marine controlled-source electromagnetic modelling, Part I-An adaptive finite element algorithm[J]. Geophysics, 2007, 72(2): WA51-WA62.

［34］Abubakar A，Habashy T M，Druskin V L，et al. 2.5D forward and inverse modeling for interpreting low-frequency electro-magnetic measurements［J］. Geophysics，2008，73(4)：F165-F177.

［35］Kong F N，Johnstad S E，Rosten T，et al. A 2.5D finite element modeling difference method for marine CSEM modeling in stratified anisotropic media［J］. Geophysics，2008，73(1)：F9-F19.

［36］Newman G A，Alumbaugh D L. Frequency-domain modelling of airborne electromagnetic responses using staggered finite differences［J］. Geophysical Prospecting，1995，43：1021-1042.

［37］Badea E A，Everett M E，Newman G A，et al. Finite-element analysis of controlled-sources electromagnetic induction using Coulomb-gauged potentials［J］. Geophysics，2001，66(3)：786-799.

［38］Zhdanov M S，Lee S K，Yoshioka K. Integral equation method for 3D modeling of electromagnetic fields in complex structures with inhomogeneous background conductivity［J］. Geophysics，2006，71(6)：G333-G345.

［39］Constable S，Weiss C J. Mapping thin resistors and hydrocarbons with marine EM methods：Part 2 — Modeling and analysis in 3D［J］. Geophysics，2006，71(6)：G321-G332.

［40］Newman G A，Commer M，Carazzone J J. Imaging CSEM data in the presence of electrical anisotropy［J］. Geophysics，2010，75(2)：F51-F61.

［41］Schwarzbach C，Börner R U，Spitzer K. Three-dimensional a-daptive higher order finite element simulation for geoelectro-magnetics — a marine CSEM example［J］. Geophysical Journal

International，2011，187：63-74.

[42] Puzyrev V J，Koldan J，de la Puente J，et al. A parallel finite-element method for three dimentional controlled source electro-magnetic forward modelling[J]. Geophysical Journal International，2013，193(2)：678-693.

[43] 杨进,魏文博,王光锷. 海水层对海洋大地电磁勘探的影响研究[J]. 地学前缘,2008,15(1):217-221.

[44] 沈金松,孙文博. 二维海底地层可控源海洋电磁响应的数值模拟[J]. 石油物探,2009,48(2):187-193.

[45] 付长民,底青云,王妙月. 海洋可控源电磁法三维数值模拟[J]. 石油地球物理勘探,2009,44(3):358-363.

[46] 刘长胜. 海底可控源电磁探测数值模拟与实验研究[D]. 吉林大学,2009.

[47] 刘颖. 海洋可控源电磁法二维有限元正演及反演[D]. 中国海洋大学,2014.

[48] 李刚. 海洋可控源电磁与地震资料构造联合反演方法研究[D]. 中国海洋大学,2015.

[49] 陈桂波,汪宏年,姚敬金,等. 各向异性海底地层海洋可控源电磁响应三维积分方程法数值模拟[J]. 物理学报,2009,58(6):3848-3857.

[50] 杨波,徐义贤,何展翔,等. 考虑海底地形的三维频率域可控源电磁响应有限体积法模拟[J]. 地球物理学报,2012,55(4):1390-1399.

[51] 佟拓. 海洋人工源频率域电磁法三维共轭梯度反演研究[D]. 中国地质大学(北京),2012.

[52] 张双狮. 海洋可控源电磁法三维时域有限差分数值模拟[D]. 成都理工大学,2013.

[53] 殷长春,贲放,刘云鹤,等. 三维任意各向异性介质中海洋可控源

电磁法正演研究[J]. 地球物理学报，2014，57(12)：4110-4122.

[54] 周建美.各向异性地层中可控源电磁法一维全参数反演及三维有限体积正演算法研究[D]. 吉林大学,2014.

[55] 赵宁. 三维海洋可控源电磁法矢量有限元与耦合势有限体积数值模拟[D]. 成都理工大学,2014.

[56] 韩波,胡祥云,Adam SCHULTZ 等. 复杂场源形态的海洋可控源电磁三维正演[J]. 地球物理学报,2015,58(3):1059-1071.

[57] 蔡红柱,熊彬,Michael Zhdanov. 电导率各向异性的海洋电磁三维有限单元法正演[J]. 地球物理学报,2015,58 (8):2839-2850.

[58] 杨军,刘颖,吴小平. 海洋可控源电磁三维非结构矢量有限元数值模拟[J]. 地球物理学报,2015,58(8):2827-2838.

[59] 罗鸣,李予国. 一维电阻率各向异性对海洋可控源电磁响应的影响研究[J]. 地球物理学报,2015,58(8):2851-2861.

[60] 刘颖,李予国. 层状各向异性介质中任意取向电偶源海洋电磁响应[J]. 石油地球物理勘探,2015,50(4):755-765.

[61] Lawson C L. Software for C1 surface interpolation. In Mathematical Software Ⅲ[M]. New York，1977，161-194.

[62] Ruppert J. A new and simple algorithm for quality 2-dimensional mesh generation[J]. Proceeding of the Fourth Annual ACM Symposium on discrete Algorithms，1993，83-92.

[63] Chew L P. Constrained delaunay triangulations[J]. Algorithmica，1989，4(1)：97-108.

[64] Borouchaki H，George P L. Aspects of 2D delaunay mesh generation[J]. Int. J. Numer. Meth. Engrg. 1997，40:1957-1975.

[65] Shewchuk J R. Delaunay refinement mesh generation[D]. Computer Science Dept. Carneigie Mellon，Univ. 1997.

[66] 王德生. 组合网格法非结构化网格自动生成[D]. 中国科学院数学与系统科学研究所,2001.

[67] Chen L. Super convergence of tetrahedral linear finite elements [J]. Int. J. Numer. Analy. Modeling, 2006, 3(3): 273-282.

[68] Yerry M A, ShePhard M S. Three dimensional mesh generation by modified Octree technique[J]. Int. J. Numer. Methods Engrg, 1984, 20: 1965-1990.

[69] Shephard M S, Gcorges M K. Automatic three dimensional mesh generation by the finite Octree technique[J]. Int. J. Numer. Mesh. Engrg, 1991, 32: 709-749.

[70] Moller P, Hansbo P. On advancing front mesh generation in three dimensions[J]. Int. J. Numer. Mesh. Engrg, 1995, 38: 3551-3569.

[71] Delaunay B N, Sur la Sphère Vide. Izvestia Akademia Nauk SSSR, VII Seria[J]. Otdelenie Matematicheskii i Estestvennyka Nauk 1934, 7: 793-800.

[72] Lee D T, Schachter B J. Two algorithms for constructing a delaunay triangulation[J]. International Journal of Computer and Information Sciences, 1980, 9(3): 219-242.

[73] Steven Fortune. A sweepline algorithm for voronoi diagrams [J]. Algorithmica, 1987, 2(2): 153-174.

[74] Shewchuk J R. Tetrahedral mesh generation by Delaunay refinement[J]. 14th Symon. Comput. Geometry, June 1998.

[75] Shewchuk J R. Delaunay refinement algorithms for triangular mesh generation[J]. Computational Geometry: Theory and Applications, 2002, 22(1-3): 21-74.

[76] Si H. TETGEN: A 3D delaunay tetrahedral mesh generator [OL]. http://tetgen.berlios.de, 2003.

[77] Si H, Gärtner K. An algorithm for three-timensional constrained delaunay tetrahedralizations. Proceeding of the Fourth Inter-

national Conference on Engineering Computational Technology [J]. Lisbon, Portugal, September, 2004.

[78] Si H, Gärtner K. Meshing piecewise linear complexes by constrained delaunay tetrahedralizations[J]. Proceeding of the 14th International Meshing Roundtable, September, 2005.

[79] 汤井田, 任政勇, 化希瑞. 任意地球物理模型的三角形和四面体有限单元剖[J]. 地球物理学进展, 2006, 21(4): 1272-1280.

[80] Tang J T, Wang F Y, Ren Z Y. 2.5-D DC resistivity modeling by adaptive finite element method with unstructured triangulation[J]. Chinese J. Geophys. (in Chinese), 2010, 53(3): 708-716.

[81] Tang J T, Wang F Y, Xiao X. 2.5-D DC resistivity modeling considering flexibility and accuracy[J]. Journal of Earth Science, 2011, 22(1): 124-130.

[82] Rücker C, Günther T, Spitzer K. 3D modeling and inversion of DC resistivity data incorporating topography-I[J]. Modeling. Geophys. J. Int., 2006, 166(2): 495-505.

[83] Key K, Weiss C. Adaptive finite element modeling using unstructured grids: The 2D magnetotelluric example[J]. Geophysics, 2006, 71(6): G291-G299.

[84] Li Y G, Pek J. Adaptive finite element modeling of two-dimensional magnetotelluric fields in general anisotropic media[J]. Geophys. J. Int., 2008, 175(3): 942-954.

[85] 刘长生, 任政勇, 汤井田, 等. 基于非结构化网格的三维大地电磁矢量有限元模拟[J]. 应用地球物理, 2008, 5(3): 170-180.

[86] 任政勇, 汤井田. 基于局部加密非结构化网格的三维电阻率法有限元数值模拟[J]. 地球物理学报, 2009, 52(10): 2627-2634.

[87] Wang W, Wu X P, Spitzer K. 3D DC anisotropic resistivity

modeling using finite elements on unstructured grids[J]. Geophys. J. Int., 2013, 193(2): 734-746.

[88] 吴小平,刘洋,王威. 基于非结构网格的电阻率三维带地形反演[J]. 地球物理学报,2015,58(8):2706-2717.

[89] 韩骑,胡祥云,程正璞,等. 自适应非结构有限元MT二维起伏地形正反演研究[J]. 地球物理学报,2015,58(12):4675-4684.

[90] Coggon J H. Electromagnetic and electrical modeling by the finite element method[J]. Geophysics, 1971, 36(2): 132-151.

[91] 徐世浙. 地球物理中的有限单元法[M]. 北京:科学出版社, 1994.

[92] 徐世浙,刘斌,阮百尧. 电阻率法中求解异常电位的有限单元法[J]. 地球物理学报,1994,37(S2): 511-515.

[93] Li Y G, Spitzer K. 3D direct current resistivity forward modeling using finite-element in comparison with finite-difference solutions[J]. Geophys. J. Int., 2002, 151(3): 924-934.

[94] Zhou B, Greenhalgh S A. Finite element three-dimensional direct current resistivity modeling: accuracy and efficiency considerations[J]. Geophys. J. Int., 2001, 145(3): 679-688.

[95] 吴小平,汪彤彤. 利用共轭梯度算法的电阻率三维有限元正演[J]. 地球物理学报,2003,46(3):428-432.

[96] 徐世浙. 电导率分段线性变化的水平层的点电源电场的数值解[J]. 地球物理学报,1986,29(1):84-90.

[97] 阮百尧,徐世浙. 电导率分块线性变化二维地电断面电阻率测深有限元数值模拟[J]. 地球科学—中国地质大学学报,1998,23(3):303-307.

[98] 阮百尧,熊彬,徐世浙. 三维地电断面电阻率测深有限元数值模拟[J]. 地球科学—中国地质大学学报,2001,26(1):73-77.

[99] 阮百尧,熊彬. 电导率连续变化的三维电阻率测深有限元模拟

[J]. 地球物理学报,2002,45(1):131-138.

[100] 李勇,吴小平,林品荣. 基于二次场电导率分块连续变化的三维可控源电磁有限元数值模拟[J]. 地球物理学报,2015,58(3):1072-1087.

[101] Li Y G, Spitzer K. Finite element resistivity modeling for 3D structures with arbitrary anisotropy[J]. Physics of the Earth and Planetary Interiors, 2005, 150: 15-27.

[102] 强建科,罗延钟. 三维地形直流电阻率有限元法模拟[J]. 地球物理学报,2007,50(5):1606-1613.

[103] Penz S, Chauris H, Donno D, et al. Resistivity modeling with topography[J]. Geophys. J. Int., 2013, 194(3): 1486-1497.

[104] Sasaki Y. 3D resistivity inversion using the finite element method[J]. Geophysics, 1994, 59(12): 1839-1848.

[105] 张继锋,汤井田,喻言,等. 基于电场矢量波动方程的三维可控源电磁法有限单元法数值模拟[J]. 地球物理学报,2009,52(12):3132-3141.

[106] 汤井田,公劲喆. 三维直流电阻率有限元—无限元耦合数值模拟[J]. 地球物理学报,2010,53(3):717-728.

[107] 徐志锋,吴小平. 可控源电磁三维频率域有限元模拟[J]. 地球物理学报,2010,53(8):1931-1939.

[108] 刘颖. 基于 MPI 的频率域可控源电磁法三维有限元数值模拟[D]. 中南大学,2011.

[109] Babuška I, Rheinboldt W C. A posteriori error estimates for the finite element methods[J]. Int. J. Numer. Methods Engrg., 1978, 12: 1597-1615.

[110] Zienkiewiez O C, Zhu J Z. A simple error estimator and adaptive procedure for practical engineering analysis[J]. International Journal for Numerical Methods in Engineering, 1987,

24：337-357.

[111] Zhu J Z, Zienkiewiez O C. Superconvergence recovery technique and a posteiori error estmates[J]. Internat. J. Numer. Engrg, 1990, 30：1321-1339.

[112] Zienkiewiez O C, Zhu J Z. The superconvergence path recovery and a posteiori error estmates, Part 1-2[J]. Internat. J. Numer. Methods. Engrg, 1992, 33：1331-1364.

[113] Zienkiewiez O C, Zhu J Z. The superconvergence patch recovery (SPR) and adaptive finite element refinement[J]. Comput. Methods Appl. Mech. Engrg, 1992, 101：207-224.

[114] Bank R E, Xu J C. Asymptotically exact a posteriori error estimators, part II：general unstructured grids[J]. SIAM Journal on Numerical Analysis, 2003, 41：2313-2332.

[115] Ovall J S. Duality-based adaptive refinement for elliptic[D]. University of California, San Diego, 2004.

[116] Ovall J S. Asymptotically exact functional error estimators based on super convergent gradient recovery[J]. Numerical Mathematics, 2006, 102：543-558.

[117] 汤井田,任政勇,化希瑞. Coulomb 规范下地电磁场的自适应有限元模拟的理论分析[J]. 地球物理学报,2007,50(5)：1584-1594.

[118] Ren Z Y, Tang J T. 3D direct current resistivity modeling with unstructured mesh by adaptive finite-element method[J]. Geophysics, 2010, 75(1)：H7-H17.

[119] Ren Z Y, Kalscheuer T, Greenhalgh S, et al. A goal-oriented adaptive finite element approach for plane wave 3D electromagnetic modeling[J]. Geophys. J. Int., 2012, 194(2)：700-718.

[120] 严波,刘颖,叶益信. 基于对偶加权后验误差估计的 2.5 维直流电阻率自适应有限元正演[J]. 物探与化探,2014,38(1):145-150.

[121] 赵慧,刘颖,李予国. 自适应有限元海洋大地电磁场二维正演模拟[J]. 石油地球物理勘探,2014,49(3):578-585.

[122] Ye Y X, Li Y G, Deng J Z, et al. 2.5D induced polarization forward modeling using the adaptive finite-element method [J]. Applied Geophysics, 2014, 11(4): 500-507.

[123] Ye Y X, Hu X Y, Xu D. A goal-oriented adaptive finite element method for 3D resistivity modeling using dual-error weighting approach[J]. Journal of Earth Science, 2015, 26 (6): 821-826.

[124] Anderson W L. Fast Hankel transforms using related and lagged convolutions[J]. ACM Trans. Math. Software, 1982, 8(4): 344-368.

[125] Anderson W L. Fourier cosine and sine transforms using lagged convolutions in double-precision (subprograms DLAGF0/DLAGF1)[J]. Technical report, U. S. Department of the Interior, Geological Survey (Open-File Report 83-320), 1983.

[126] Yin C, Fraser D C. Attitude corrections of helicopter EM data using a superposed dipole model[J]. Geophysics, 2004, 69 (2): 431-439.

[127] 刘云鹤,殷长春,翁爱华,等. 海洋可控源电磁法发射源姿态影响研究[J]. 地球物理学报,2012,55(8):2757-2768.

[128] Li Y G, Li G. Electromagnetic field expressions in the wavenumber domain from both the horizontal and vertical electric dipoles[J]. J. Geophys. Eng., 2016, 13: 505-515.

[129] Wannamaker P E, Hohmann G W, SanFilipo W A. Electro-

magnetic modeling of three-dimensional bodies in layered earths using integral equations[J]. Geophysics, 1984, 49(1): 60-74.

[130] Jin J M. The finite element method in electromagnetics. 2nd ed[J]. New Jersey: Wiley-IEEE press, 2002.

[131] Barrett R, Berry M, Chan T F, et al. Templates for the solution of linear systems: building blocks for iterative methods. 2nd ed[M]. Philadelphia, PA: SIAM, 1994.

[132] Saad Y. Iterative methods for sparse linear systems. 2nd ed [M]. Philadelphia, PA: SIAM, 2002.

[133] 潘军. 一种基于新的后验误差估计的自适应有限元方法及其应用[D]. 湘潭大学, 2009.

[134] Zienkiewicz O C, Zhu J Z. Super-convergence and the superconvergent path recovery[J]. Finite Element in Analysis and Design, 1995, 19: 11-23.

[135] Babuska I, Szabo B A, Katz I N. The p-version of the finite element method[J]. SIAM Journal of Numerical Analysis, 1981, 18(3): 515-545.

[136] Oh H S, Batra R C. Application of Zienkiewicz-Zhu's errors estimate with SPR to hierarchical p-refinement[J]. Finite Element in Analysis and Design, 1999, 31: 273-280.

[137] Babuka I, Guo B Q. Approximation properties of the h-p version of the finite element method[J]. Computer Methods in Applied Mechanics and Engineering, 1996, 133(8): 319-346.

[138] Rachowicz W, Demkowicz L. An hp-adaptive finite element method for electromagnetic part II: A 3D implementation[J]. International Journal of Numerical Methods in Engineering, 2002, 53: 147-180.